U0330185

中國建築藝術全集編輯委員會 編

中國美術分類全集

中國建築藝術全集 13

佛教建築(二)(南方)

《中國建築藝術全集》編輯委員會

本卷主編

丁承樸　浙江大學教授

攝影

吳　璟　丁承樸

凡例

一　《中國建築藝術全集》共二四卷，按建築類別、年代和地區編排，力求全面展示中國古代建築藝術的成就。

二　本書為《中國建築藝術全集》第一三卷『佛教建築（二）（南方）』。

三　本書圖版共一九七幅，集中展示了長江以南地區佛教建築在環境意境、佈局方法、建築形制、裝飾格調等方面的藝術特色和輝煌成就。

四　卷首載有論文《南方佛教建築藝術》，概要論述了佛教聖地環境意境、環境意境構成特徵、寺廟建築佈局形式、寺廟中的殿堂樓舍、佛塔與經幢。卷末的圖版説明中對每幅照片均做了簡要的説明。

目錄

圖版説明

南方佛教建築藝術

一 緒 論

佛教於公元前六世紀至公元前五世紀由古印度迦毗羅國淨飯王的太子喬達摩・悉達多（即釋迦牟尼）創立，公元前三世紀開始向亞洲各國傳播，公元一世紀前後傳入中國。

釋迦牟尼創立的佛教思想體系是從緣起理論出發，認為一切存在都是因緣所生。過去的積累是因，現在的是果，現在的積累是因，將來的為果，因果重重，相續無盡。一切現象的生起，都是由各種現象相互關聯所造成的，然後經過成、住、異、滅四個階段，又蘊育了新的生命。佛教的信仰理論不是祇關注飄渺虛無的彼岸世界，它也注重人生現實問題，對人生作出價值判斷。佛教特定的崇拜對象佛和菩薩不是主宰宇宙的神，他們不會審判衆生，他們是信徒依賴和寄托的對象，給信徒的是一種信任感。

印度佛教的發展經歷了原始佛教、部派佛教、大乘佛教、密教四個階段。

在釋迦牟尼創立佛教和他逝世後一百年間，佛教教團都統一奉行釋迦教法，比丘持戒嚴謹，基本上以乞食為生。歷史上通稱這一期間的佛教為原始佛教，也稱早期佛教、初期佛教。自釋迦悟道於尼連禪河邊菩提樹下，此後數年間四處傳道並無僧舍，也不塑造佛像。隨著出家僧人的增多，集會和安居都需專門的房屋，於是就有寺院的建立。初時由信徒們建造，供他居住、坐禪、講道，後來便有信奉佛教的富人、官僚乃至王室捐贈宅第房舍作為寺廟。相傳最早的兩大寺廟祇園精舍和竹林精舍是由王太子和富商捐贈的。

原始佛教迴避佛的形象，認為佛的本性就是虛空，任何線條、色彩和實在的形象都無法描繪，也無法表現偉大而永恆的佛。

部派佛教時期指釋迦牟尼去世一百年後的四百年間，即約公元前四世紀到前一世紀。當時，原始佛教分化為上座部和大衆部兩大派，後又分化出許多教團派別，史稱佛教的根本分裂。上座部是一些長老的主張，屬於正統派。大衆部是衆多僧侶的主張，是比較強調發展的流派。大衆部對後來的大乘佛教影響深刻。

大乘佛教的興起大約在公元一世紀。大乘佛教指斥前期佛教（原始佛教和部派佛教）是小乘，是釋迦牟尼為小根器的人所説的教法。前期佛教學者則認為自己是佛教的正統，指責大乘教義是杜撰的，強調『大乘非佛説』，即大乘不是佛教的正傳。大小乘佛教在理論與實踐上確有很大差異。

在對佛的看法上，小乘認為釋迦牟尼是一位覺者、教祖，佛祇有一個，就是釋迦牟尼。大乘視佛為超人的存在，強調依靠佛的神恩。大乘還日益把各地方神靈作為釋迦牟尼的各種各樣的化身，説三世十方有無量無數的諸佛，如阿彌陀佛、彌勒佛、藥師佛等等，並塑造華麗的佛像，建造宏偉的殿堂以供奉佛像，便於人們頂禮膜拜。

在追求的理想上，大乘宣揚大慈大悲、普渡衆生，把成佛渡世、建立佛國淨土作為最高目標。小乘則以個人的『灰身滅智』，証得阿羅漢為最終目的，偏重於個人解脱。大乘認為衆生祇要去掉無明（無知）就可進入究竟的境界——涅槃，因此大乘致力於一切衆生的『解救』，並把從事傳教活動以拯救他人的比丘稱作菩薩。菩薩是成就正覺（佛）的準備。小乘則完全不承認菩薩。

在修持方法上，小乘認為人生痛苦的原因在於人生的本質，主張個人遠離社會，隱遁禁欲。大乘則認為，人生之需要解脱，不是因生命就是苦，而是因生命就是空。大乘主張在現實中求得解脱，特別是在初期很重視在家，不提倡出家。事實上按照大乘的某些主張，出家是難以做到的。例如，佈施中的財施，祇有在家且有錢財的人纔能做到。同時，出家僧徒的生活方式也發生了變化，尤其是上層僧侶，接受大量佈施，食用精美食品，身著高貴袈裟。昔日山洞和叢林的居處代之以莊嚴宏偉的寺院建築，他們在這些寺院中，舉行宗教儀式，研習經典，撰寫經書，過著具有鮮明的享受色彩的宗教生活。

在理論學説上，小乘的主要經典是《阿含經》等，大乘的主要經典有《般若經》、《法華經》、《華嚴經》、《維摩詰所説經》、《解深密經》等。小乘的學風是拘泥於佛説，認為佛説的都是實在的。他們主張人空法有説，即人是空的，人並沒有獨立的永恆的實體，而宇宙萬有則不是空的，是實有的（法有）。大乘對於佛説帶有自由解釋、發揮的色彩，他們認為不僅人空，法（事物）也空，即宇宙萬有也都没有獨立的永恆的實體，也是空的，『一切皆空』，主體和客體都是虚幻的。

就傳播的地域而言，佛教經中亞向北傳到中國、朝鮮、日本等國的北傳佛教是以大乘為主體；佛教向南傳到斯里蘭卡、又傳到東南亞諸國的南傳佛教，自稱上座部佛教，按佛教史的傳統説法屬於小乘（這裏不含貶義）。

密教開始於第七世紀，到第八世紀以後日益與婆羅門教印度教接近，並在佛教中取得了主導地位，直至十三世紀被消滅。密教的特徵是主張身、語、意三密相應行，以求得出世的果報。也就是手結契印（手勢，『身密』）、口誦真言咒語（『語密』）、心作觀想佛尊（『意密』），三者相應，即身成佛。由此，其它各種以語言文字明顯表明佛教教義的教派，就統稱為『顯教』。密教還主張六大緣起説，宇宙萬有都是佛的化身、產物。這是一種極度神秘主義的説教。

中國佛教來源於印度佛教，保存了印度佛教的精神本質，是古印度文化在中華大地上的移植，但又有別於印度佛教，經過長期的選擇和重構，形成了它自己鮮明的民族文化特色。中國佛教在發展過程中，與傳統的世俗文化是互相影響、互相滲透的。在大約兩千年期間，佛教文化幾乎影響到社會生活的一切方面。哲學、道德、文學、藝術、生活方式以及社會風氣幾乎無不浸潤著佛教的影響。這一切在中國的建築上都有所反映，並集中表現在中國的佛教建築上。

在佛教傳入中國之後大約兩千年的發展中，形成了獨特的中國佛教建築體系。佛教傳入之前的中國建築，若從石器時代為始，大約經歷了一兩萬年的發展，直到佛教傳入中國時，已經積纍了極其豐富的經驗方法，具有結構的科學性與建築的藝術性，形成了獨特的中國建築體系。它包括了各種類型的建築，有住宅、宮殿、衙署、作坊、倉庫等，以及滿足精神需要的特殊建築，如祭天地的壇廟、拜祖先的家廟，模擬神仙世界的仙山樓閣，迎接神仙下凡的高臺等。中國的佛教建築就是在這樣的歷史基礎上發展起來的。

兩漢之際佛教傳入中國後，在漢族地區、藏族蒙古族地區、傣族地區傳播過程中，逐漸形成了漢地佛教、藏傳佛教（喇嘛教）和雲南上座部佛教（巴利語系佛教）三大系統。其中，地域最廣，信徒最多的是漢地佛教。漢地佛教主要是大乘佛教，成為中國佛教的主流。（據不完全統計，至本世紀四十年代末，漢族地區有僧尼五十餘萬人，佛寺四萬餘所。） 這不僅是因為佛教傳入中國時正當印度大乘佛教興盛期，故最先流入中國的主要是大乘經典；更重要的還在於大乘佛教關於入世捨身、普渡衆生的主張契合中國的文化傳統。

漢地佛教是西漢哀帝元壽元年（公元前二年）傳入中國。東漢明帝永平十一年（公元六八年），在洛陽創建了中國歷史上第一座佛教寺院——白馬寺，印度僧人迦葉摩騰、竺法蘭在這裏翻譯出《四十二章經》，佛教開始在中國傳播。

漢地佛寺在漢代主要按當時的官署佈局建造。不少官吏、富豪捨宅為寺，因此沿襲下來，佛寺的佈局總體上與中國傳統的院落形式相似。

魏晉時期，佛教活動主要還是翻譯經籍，並被越來越多的官吏、民衆所信奉。南北朝時期，佛教已傳播到整個漢族地區，相傳北魏末期有寺院三萬餘所，僧尼二百多萬人，形成了獨立的寺院經濟和社會勢力。到了隋朝和唐朝，佛教進入鼎盛時期，寺院林立，佛經如山，名僧輩出，形成了天臺宗、三論宗、法相宗、律宗、淨土宗、禪宗、華嚴宗、密宗等具有民族特色的中國佛教宗派。會昌五年（公元八四五年）唐武宗下令滅佛，没收寺院土地財產，毁滅寺院佛像，強迫僧尼還俗，給佛教以毁滅性打擊。取消滅佛令以後，佛教又很快得到恢復。

唐代以前，漢地佛寺主要有石窟寺、塔廟兩種形式。北魏至唐代，相繼開鑿了諸多藝術價值極高的大型石窟，如敦煌石窟、雲岡石窟、龍門石窟等，窟內設支提塔，雕刻佛像，繪製壁畫，並在石窟周圍建立寺院。石窟的造像與配置，與印度支提窟大體略同。對中國佛寺建築影響最大的還屬塔廟。塔廟也稱浮圖寺，是以塔為中心，周圍建立殿堂、僧舍。塔中供奉舍利、佛像等，是寺院的中心建築。

唐代以後，佛塔多建在寺前、寺後或另建塔院，形成了以大雄寶殿為中心的佈局形式。

宋代禪宗興盛，佛寺建築有很大發展。大型寺廟按層層遞進的院落式佈局，殿堂僧舍依主次分佈在中軸線上或左右兩廂。建於山上的佛寺也依此而建。明清以來，佛寺建築格局已成定式，一般在中軸線上由南向北依次分佈著山門、天王殿、大雄寶殿（圓通殿）、法堂、藏經樓，或有毗盧閣、觀音殿；按照遞進的院落，東西兩側的配殿依次為：鐘樓與鼓樓、伽藍殿與祖師堂、觀音殿與藥師殿。有的大型寺院還有五百羅漢堂、佛塔等。東西兩廂或旁院的建築，一般説來東側為僧房、香積廚、齋堂、職事堂等，是寺內僧人的起居生活區；西側主要有禪堂、接待室等，是前來掛單僧人修行之所。生活用房多稱寮舍，如清衆寮是寺內僧人的住處，雲水寮為行腳僧的住所，香積寮（即香積廚）為廚房，如意寮為病房，等等。

雲南上座部佛教主要流傳於雲南省傣族、布朗族等地區，因那裏的人們佛教傳統信仰與泰國、緬甸等國的佛教信仰相同，都屬巴利語系，又稱巴利語經典系佛教，俗稱小乘佛教。上座部佛教由緬甸傳入雲南的時間可追溯到公元七世紀中葉。中原小乘佛教湮没之後，至公元十三世紀，經過改革的小乘佛教復又從緬甸傳入雲南。到十五世紀中葉，小乘佛教已在滇緬邊境地區廣泛流傳，逐步形成潤、擺莊、多列、左抵四個派別，為雲南傣族、布朗族、崩龍族等少數民族所信仰，對這些民族的思想文化、倫理道德、風俗習慣等各方面都產生重要影響。

雲南上座部佛教的寺廟，如同漢地佛寺一樣，是在佛教傳入以後，以當地民族的、地方的傳統建築為本源，經過改造並加入佛教的內容，將佛事活動和僧人生活的需要容納於改造了的傳統建築中，在總體佈局和單體建築的形式上，具有鮮明的地方建築特點，而少有漢地佛寺或藏傳佛寺特徵。雲南上座部佛教建築主要由佛殿、藏經室、僧舍及佛塔四部份組成。佛殿是佛寺的主要建築，內部由佛座（上供奉釋迦牟尼像）、經書臺、僧座三部份組成，是僧侶日常念經、從事各種佛事活動的場所。佛塔是雲南上座部佛教最具特色的建築，也唯有佛塔未受當地建築形式的影響，完整地保留了東南亞小乘佛教所普遍採用的佛塔形制，在中國被稱為傣式佛塔。傣式佛塔的造型和裝飾與東南亞泰、緬等國的佛塔十分相像，豐富而華麗。傣式佛塔主要分佈在雲南省的南部、西南部邊境地區，尤以西雙版納地區最為常見。

藏傳佛教主要在藏族、蒙古族等少數民族中傳播。公元七世紀，佛教分別由印度和中國漢族地區傳入西藏，松贊干布在拉薩建造了大昭寺、小昭寺和布達拉宮等。八世紀，赤松德贊攝政時，迎接印度高僧入藏弘法，創建了桑耶寺，並開始大量翻譯佛教經典。十世紀後期，佛教吸收西藏原始宗教本教的一些神祇、儀式，形成了具有西藏民族特色的藏傳佛教。藏傳佛教俗稱喇嘛教，『喇嘛』是藏語音譯，意為『上師』，是對僧侶的尊稱。傳入西藏的佛教是包括顯宗和密宗的大乘佛教，其中密宗尤為興盛。藏傳佛教寺院規模宏大，一般由札倉（經學院）、拉康（佛寺）、囊欠（活佛公署）、印經院、藏經樓、靈塔殿、僧舍等組成。

漢地佛教、藏傳佛教、雲南上座部佛教的寺廟建築在漫長的歷史發展過程中結合了本地區、本民族的優秀建築文化，在建築佈局、形制、結構、裝飾等諸方面互相融合、相得益彰，形成了各具特點的建築藝術風格和獨立的建築體系。

中國的佛教建築多以建築宅院或建築組群的形式建造，用作僧人和佛教徒進行佛教活動的場所，稱為佛教寺廟，簡稱佛寺。寺與廟的建築稱謂早在佛教傳入中國之前就已有了。寺在先秦是閹人（即宦官）的專稱。秦時，以宦官任外廷之職，遂將宦官任職之所通稱為寺。漢代，官署稱作寺，『三公所居謂之府，九卿所居謂之寺』。稍後，寺的意義泛化，寺不僅成為一般官署的代稱，而且超出了朝廷直屬官府機構的範疇。漢明帝時，中亞僧人伽葉摩騰，竺法蘭應邀來漢傳教，住在專涉外交事務的鴻臚寺內，後於洛陽城外專門修建居舍，以『寺』命名，這是中國佛教建築以寺為名稱的首例。之後，由於政府官署以寺相稱的淡化，『寺』逐漸成為佛教活動場所的專稱。隋唐以降，寺的概念又擴大，成為一切宗教活動場所的泛稱，但仍以佛教為主。廟，來自祭祀祖先的宅舍——祖廟，後來則泛指一切祭祀性活動場所，即原始宗教的神祠，再後也成為其它宗教活動場所的泛稱。寺、廟二詞連用稱呼一切宗教活動場所，是在明清以後纔漸漸流行的。

由於寺廟大小規模與等級關係的不同，常常冠以寺、院、庵、堂、茅蓬等稱謂。這些都是僧人供養佛像和居住之所，其中以『寺』的等級為最高。寺作為中國最主要的佛教建築，本源於官署，因此它的建築規模和形制本來就有一定等級規模，正與佛教組織中的等級相契合。

『院』乃寺內之別舍，屬寺的一部份。人們常把『寺』和『院』聯稱為『寺院』。後來也有單獨稱『院』的，如普陀山有息耒禪院、洪筏禪院。

『堂』和『閣』原為寺內部份建築物，如法堂、講堂等。但也有獨立的堂和閣。如普陀山的三聖堂、報本堂、積善堂、文昌閣，其等級相當於『庵』，故有『庵堂』的稱謂。在建築規模上，堂則較小一些，一般衹有一個山門和一個佛殿。

『庵』與寺有隸屬關係，往往與某個大寺有關，法統相傳脈絡分明，但也有相對的獨立性，可以單獨募化和接待香客。由於僧人募化和達官富人贊助，有些庵的規模相當大，可有若干殿宇和院落。庵以其使用者的不同又分為尼姑庵與和尚庵。過去普陀山的庵堂都是和尚庵，並有女性不可在島上住宿的規矩，後來有觀音洞庵、梅福庵改為尼姑庵，其餘仍為和尚庵。

『茅蓬』為年邁僧尼退休養性之所，一切皆仰給於主寺。一般屋宇較少，三間或五間，明間供奉佛像。

此外，還有『叢林』的稱謂。通常稱大的寺院為叢林。叢林之制起於禪宗。初時禪宗僧人多居巖穴，或寄住律宗寺院。禪宗僧衆聚居之處，不分尊卑。直至慧能的四傳弟子懷海（公元七二〇至八一四年），在洪州百丈山（今江西奉新縣西）傳道，禪衆雲集，秩序混亂，感到有設立規矩法度的必要，遂製定《禪門規式》，創立禪院。『叢林』的意義，是取草木不亂生長之喻，表示其中有規矩法度。

綜觀中國佛教建築發展的歷程，以東漢初年洛陽白馬寺為中國佛寺之始，到魏晉南北朝已是大盛時期。其時國家分裂，佛教也分北地與南地兩區。洛陽、長安、敦煌、大同等是北地佛教的中心。南地佛寺以三國孫吴時所建建業（南京）建初寺（公元二四七年）為始，之後佛寺的興建遍及江蘇、浙江、江西、四川等省。由於這一時期南北兩地盛行捨宅為寺的風尚，所以佛寺所處地點大多在城市或近郊，並形成中國佛寺院落式佈局的基本格局。

兩晉末年，北地社會混亂多變，時以慧遠為代表的一派僧衆避亂南來，入隱廬山，建廬山東林寺（公元三八六年）。慧遠卜居廬山三十餘年，超塵脱俗，結念佛社。此舉可謂自然風景區佛教勝地的開創。廬山之習尚隨之佈傳四方，尤以南地為盛。

唐代是佛教的極盛時代，佛寺的數量劇增，佛教名師輩出，新的宗派又有創立。這一時期最突出的成就是出現了佛教『四大名山』，即浙江普陀山、四川峨眉山、安徽九華山、山西五臺山，標誌著唐代佛寺的興造重點已轉向自然風景區，尤其在南方地區有更突出的發展。

本書的內容涵蓋長江以南的廣大地區，包括江南各省的漢地佛寺，以及雲南上座部佛教的佛寺。至於西南川、滇一帶的藏傳佛寺，因有專册論述，不在本書之內。就漢地佛寺而言，南方與北方是一脈相承的，佛教的宗派並未給建築以顯著影響。但是，由於自然地理條件的差異和地方建築風格的不同，南、北方的佛教勝地和佛寺建築在環境意境、佈局方法、建築形制、裝飾格調等方面形成了各自的特徵，呈現出佛教建築文化的地域性。正是這種地域性使完整統一的中國佛教建築體系絢麗多姿。

二　佛教勝地環境意境

佛寺的興建，多選擇山林勝地，取其寂靜秀美的自然環境，追求虚空、出世的意境，以便清淨潛修，詠經事佛。江南多青山秀水而少廣闊平原，寺廟庵堂更是建於山林風景絶佳處。

東晉以來，江南經濟活躍，佛教文化相應發展，許多高僧南來選擇名山創建佛寺。名僧慧遠即是開創山林佛寺的先行者。在其創建的廬山東林寺就是『……卻負香爐之峰，傍帶瀑布之壑。仍石疊基，即松裁構，清泉環階，白雲滿室』（註）的仙境。這種選擇山林優美環境發展寺廟的做法，對後世江南寺觀建設頗有影響。所謂天下名山僧佔多，就出於此意。

佛教四大名山的出現便是這種思潮發展的結果。這四座佛教名山各居風景絶佳的山林勝地，其中除五臺山在北方，其餘三座，普陀、峨眉、九華山均在江南。在千百年的佛教文化發展歷程中，這四座名山各自建造了名寺巨刹，使那裏綺麗的自然景觀由於人文景觀的成功介入而更加引人入勝。因此，很難説這四座名山是由佛教得名還是由山川秀美得名。但是，佛教建築極其成功的規劃佈局與建造，使秀美的山川更加秀美，大自然的優美景色又為端莊典雅的佛教建築鋪展了賴以存在的環境背景，二者相得益彰，從而創造了佛教徒所憧憬的空與靜的環境意境。

四大名山又稱四大道場，分別供奉四菩薩：普陀供奉觀音菩薩，九華供奉地藏菩薩，峨眉供奉普賢菩薩，五臺供奉文殊菩薩。由於自然地理條件的差異，歷史背景的不同，以及地域廣狹、佛寺數量、佈局密度的不同，使四大佛山又各具特色。其中，惟普陀山孤峙海中，且為地域最小、佛寺密度最大者。

普陀山在浙江省以東的海域裏，是舟山群島東部的一座面積僅一二·九平方公里的拳石小島。島上丘陵起伏，山峰不高，地形奇異，植被繁茂，環境清幽蔚秀。島的東面是太平洋，無垠海天，碧波浩淼。自唐朝開始，千餘年來島上建造了大量佛教建築，其中普濟寺、法雨寺、慧濟寺規模宏大，另有衆多庵堂禪林、佛教茅蓬。到公元一九三七年抗日戰爭前夕，全山除三大寺外，尚有八十八庵、一百二十八茅蓬，計有殿堂屋宇四七〇〇餘間，建築面積十八萬平方米，僧尼三千餘人，可謂『見舍皆寺，遇人即僧』，儼然『海天佛國』之境界（圖一）。

普陀山之所以成為著名觀音道場，追溯普陀開山之始，確與觀音大士有關。唐代，日本國先後派遣多批入唐僧到中國交流佛教文化。日本著名高僧慧鍔就曾三次入唐。慧鍔第三次來中國是在公元八六二年。他在中國過冬，於第二年四月由明州（今寧波）乘船回國。在歸途中遇到大風迷失航向，漂流到普陀附近的蓮花洋，海中暗礁（或説大魚）阻礙船隻行駛，誤認作鐵蓮花阻舟前行，以為是觀音大士不肯離開這里，便靠岸登陸，觀音像就這樣留了下來。當地一位居民張氏捐出自己的宅院以供奉觀音，取名『不肯去觀音院』，此為開山之始。

註：《高僧傳·慧遠傳》

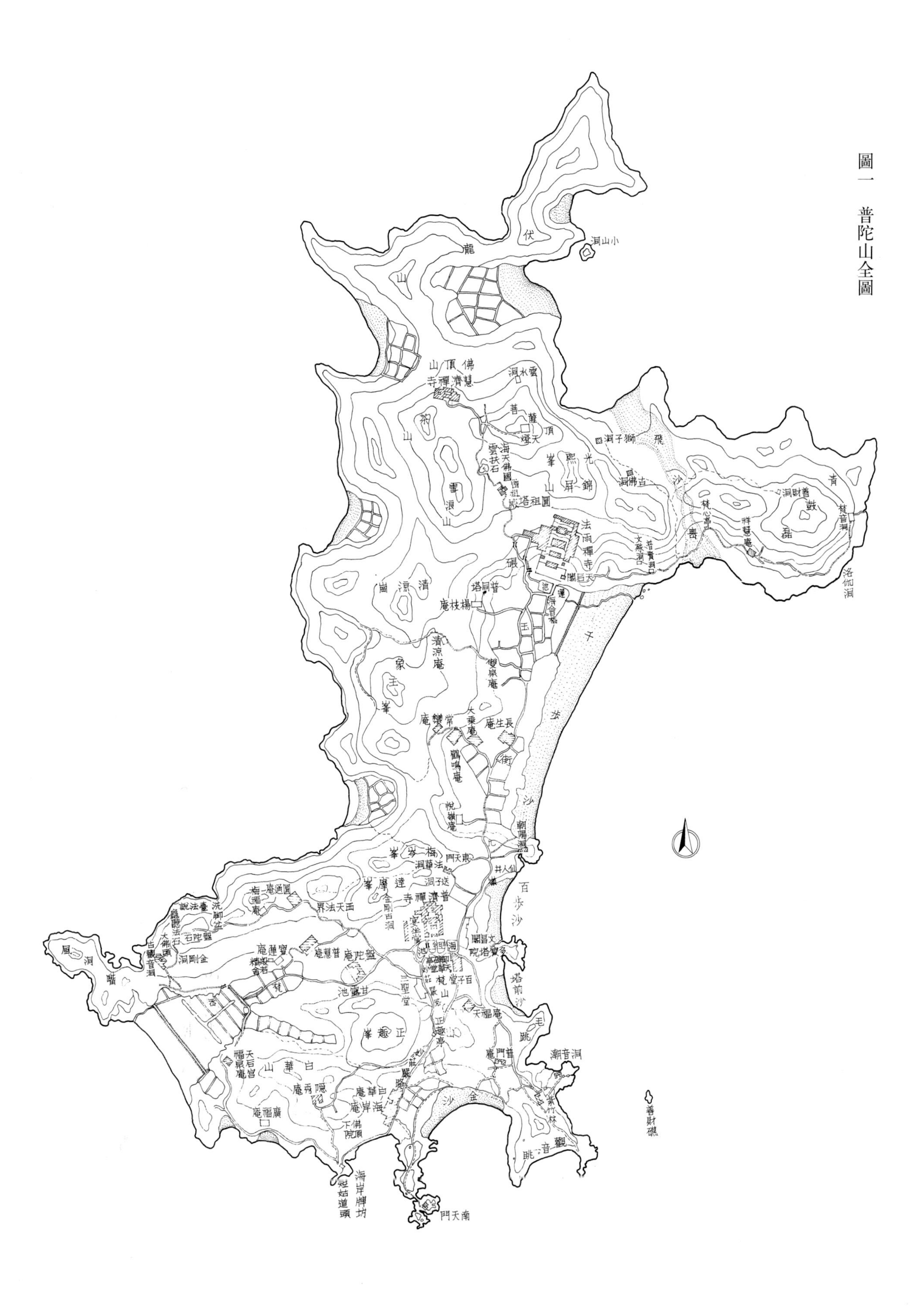

伏龍山
小山洞
佛頂山
慧濟禪寺
雲水洞
菩薩頂
天燈
獅子洞
飛沙
光熙峯
錦屏山
古佛洞
海天佛國
雲扶石
圓祖塔
法雨禪寺
普賢洞
文殊洞
天后閣
青鼓磊
善財洞
梵音洞
洛伽洞
梵心亭
祥慧庵
清涼岡
普同塔
楊枝庵
蓮池
海會橋
千步沙
清涼庵
象王峯
雙泉庵
常樂庵
大乘庵
長生庵
鶴鳴庵
悅嶺庵
朝陽洞
梅岑峯
東天門
法華洞
仙人井
達摩峯
送子洞
普濟禪寺
西天法界
金剛古洞
百步沙
圓通庵
梅福庵
說法臺
洗腳盆
盤陀石
金剛洞
寶蓮庵
普慧庵
盤陀庵
文昌閣
多寶塔
塔院
甘露池
三聖堂
百子堂
正趣峯
天福庵
正趣亭
普門庵
潮音洞
白華山
天后宮
福泉庵
隱秀庵
白華庵
海岸庵
廣福庵
佛頂下院
紫竹林
金沙
觀音跳
善財礁
海岸牌坊
短姑道頭
南天門

圖一 普陀山全圖

入宋（公元九六〇至一二七九年）以後，普陀山已有一定聲譽。公元九六七年，宋太祖趙匡胤派太監上山進香。以後各代皇帝屢有撥款賜贈，建築規模日益擴充。公元一二一四年，宋寧宗趙擴賜額『圓通寶殿』，並指定普陀山為專供觀音的地方。這樣，從唐代第一尊觀音像入山開始，歷經三百餘載，終於成為中國四大道場之一。

觀音像留在普陀山是偶然的原因，而普陀海島清幽的環境、優美的風景、便利的海上交通卻是天賜地設的自然條件。除此之外，還有社會文化與時代的背景。佛教自漢代從印度傳入中國以來，便與中國文化相結合。例如，觀音菩薩的形象即是端莊高雅的中國女性。而在觀音菩薩剛傳入中國時，還是一位聰慧英俊的白馬王子，由於他具有仁愛、慈悲、憐憫的品質，十分近於女性，因而在北朝以後，中國的觀音菩薩就逐漸女性化了。而且，這位『救苦救難大慈大悲的觀世音菩薩』在中國人心目中的地位大為提高。佛經中說，觀世音菩薩修行於南海的小白華山中，一般俗稱『南海觀世音』。這裏所說的南海小白華山是在印度，畢竟太遙遠了，於是，中國古代的佛教信徒們便想在中國找到她的住處。舟山群島雖然在東海海域，而古代中國以黃河流域為中心，長江以南統稱南方，舟山一帶海域也被稱作南海。於是普陀山便成為南海觀世音菩薩的住所了。

普陀山作為佛教勝地歷經興衰千餘年，因此它的建築佈局和環境意境的創造並非一次性有規劃的建設活動，衆多的寺廟庵堂是在漫長的歷史過程中逐個擇地興建的。由於它始終有一個明確的主題：『朝山面聖，祈福進香』。這便成為一條潛在的宗教文化脈絡，又以海島風光作為環境背景，使普陀山的佛教寺院的發展雖似自然衍生，卻是具有秩序性、延續性、有機性的。由此而成功地創造了『海天佛國』的環境意境。

普陀海島自北而南貫穿著一條山脈，地勢北高南低，主峰佛頂山位於北部，海拔二九一米，山勢向四面延緩。西、北坡陡峻，山腳平地較狹，海岸多淤泥，更有北風侵襲，種植維艱；東、南部山勢緩和，植被豐鬱，山麓一帶平緩開闊，海岸沙灘潔淨平展，海水清澈，景色秀美。大部份廟宇庵院分佈在東部和南部。

普陀山朝山進香的主要順序是：普濟寺（前寺）——法雨寺（後寺）——慧濟寺。即，『朝山拜菩薩，心誠見佛祖』。這種宗教上的創意充分體現在它的佈局上。

普濟寺在普陀海島南部，靈鷲峰的南部山麓。這一帶有寬廣平地，距南端的『短姑道頭』碼頭不遠，又是去法雨、慧濟二寺的必經之地，所以自古以來發展較快，諸多庵院建造於此，並有一條傳統商業街，形成了以佛教為主題的村鎮聚落。普濟寺是全山最大的佛寺，是普陀山供奉觀音的主要道場。普濟寺的主殿是圓通殿，是專奉觀音菩薩的大殿。圓通殿之後為藏經樓，樓上藏經，樓下為法堂，內奉三尊佛陀。佛像尺寸較小，沒有專奉釋迦牟尼的主殿，突出了觀音道場的主題。

法雨寺在海島中部，錦屏山面南的山腰和坡底一帶，地形呈緩和起伏狀，覆蓋著茂盛的林木。坡地延伸到海邊，與開闊潔淨的沙灘相連。法雨寺主殿仍是圓通殿，規模宏大，可與前寺相媲美，位於全寺的中心。寺後臺地上建大雄寶殿，內奉釋迦牟尼、藥師、彌陀三尊。此殿雖無圓通殿宏敞，但其位置高居圓通殿之上，反覺雄偉可觀。法雨寺大雄寶殿的設置，可謂『拜菩薩見佛陀』的一個有意識的過渡。從前面的普濟寺至此，大約有二．五公里，沿途相繼發展了不少禪院庵堂，其規模大小不一。這些沿途的禪院庵堂作為從前寺至後寺的過渡，使佛教氣氛更濃，意境更深。

慧濟寺位於佛頂山巔，主殿為大雄寶殿，供奉佛祖釋迦牟尼，兩側陪襯二十諸天菩薩，設想為天庭的所在。而觀音則奉於大悲閣內，閣在大雄寶殿的東側。慧濟寺所在的山頂沒有足夠的地面，加之物資供應不便，此處沒有發展更多的建築。慧濟寺的建築規模雖不如前面二寺，但它位於全島主峰之巔，供奉的是釋迦牟尼佛祖，信徒在拜謁前面二寺之後，從千步石級（象徵『天梯』）拜登而上，謁見佛陀。一路上古樟參天，翠黛滿谷，石級迂回，泉水淙淙。有香雲亭於路側，供人小憩。『雲扶石』凌空若舉，鐫刻『海天佛國』四個大字，令人忘卻塵世，如入佛國仙境。

空間佈局的序列是自下而上的，環境意境是由淺入深的，在宗教的含義上亦是逐步升級，由菩薩而至佛陀。

峨眉山為佛教四大名山中地理位置最南者，位於四川盆地西南緣，因兩山相望形似娥眉而得名。主峰萬佛頂，海拔三千多米，山勢雄偉，峰巒挺秀，林木繁茂。在方圓一一〇平方公里的大山中，分佈著一座又一座梵宮琳宇，依山取勢，各具豐姿。《華嚴經》載：『西南方有處曰光明山，從昔以來，諸菩薩衆於中止住。今有菩薩，名曰賢勝（普賢），與其眷屬三千人，常在其中而演說法。』佛家據此又稱峨眉山為光明山，並尊此山為普賢道場。晉武帝時，大弘佛事，廣樹伽藍。一百年後（時當公元四〇〇年），淨土宗初祖慧遠之弟慧持來到峨眉山，建成山中第一座正式寺廟——普賢寺，即今萬年寺的前身，慧持由此成為峨眉山開山祖師。時至明朝，歷代皇帝都對峨眉山佛事予以大力支持，從而確立佛教勝地的聲譽。明清極盛，寺廟多達近百座，僧衆數千人（圖一二）。

峨眉山之成為佛教名山，其自然環境條件及環境意境的創造與普陀有很大不同。普陀以碧海山島取勝，無垠海天，拳石小島，為海天佛國環境意境的形成提供了得天獨厚的環

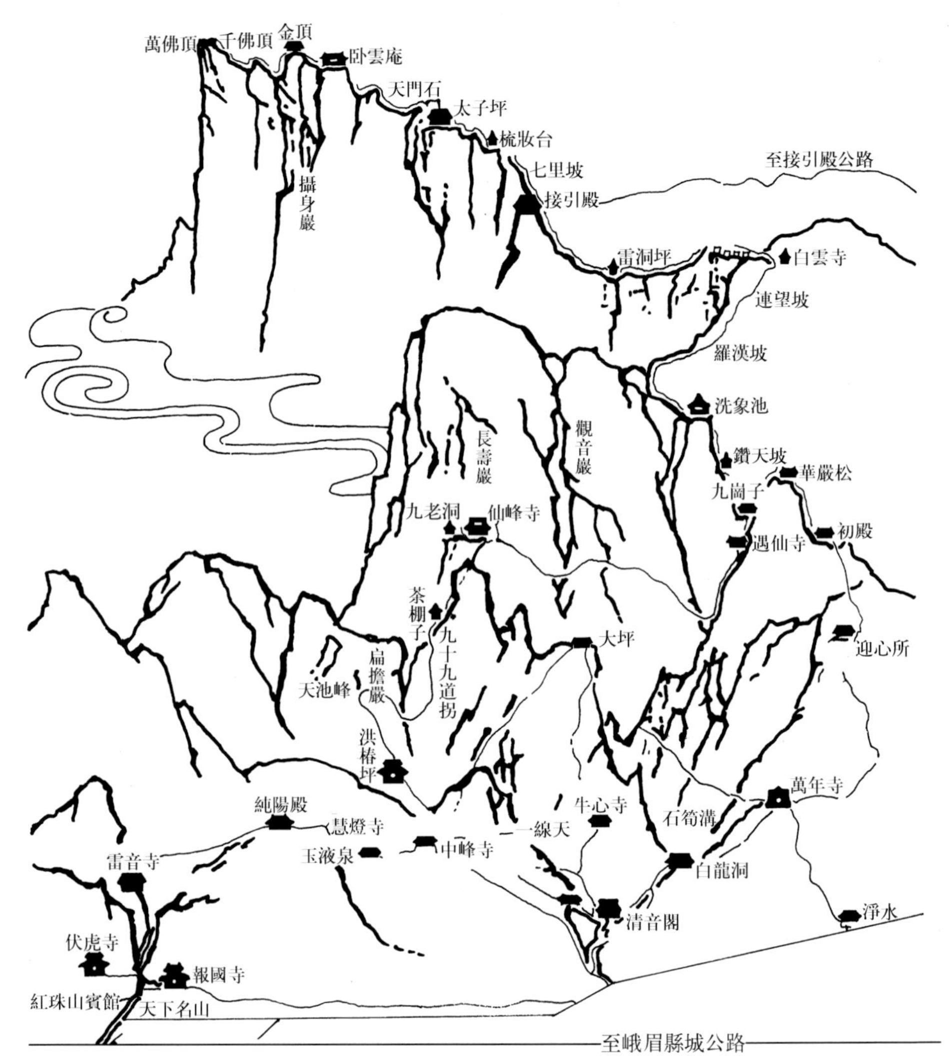

圖二　峨眉山佛寺分佈圖

境背景。峨眉山地處内陸，以山取勝。李白詩句『蜀國多仙山，峨眉邈難匹』道出了其中的緣由。

峨眉山以巍峨秀麗著稱。主峰萬佛頂海拔三〇九九米，山脈綿亘曲折，千巖萬壑，瀑布溪流，雄秀幽奇。山中氣候變化甚大，山麓與頂峰溫差約攝氏十五度，上有高寒層，中有溫帶層，下有四季似春的亞熱帶層。植物種類三千餘種，動物種類二千餘種。自峨眉山麓的報國寺為起點，至主峰萬佛頂，行程達六十餘公里。沿途景色變幻無窮，大大小小的佛寺庵堂結合不同特色的景點分散佈局，有的僅隔數百步，有的遙隔數公里。

報國寺作為入山門户，建在峨眉山麓，為山腳第一大廟，始建於明萬曆年間。出報國寺往右前行一公里即到伏虎寺。相傳古時此處多虎患，宋僧士性建尊聖幢壓之，虎患始息，後來僧人心庵建伏虎寺，寺名由此起用。一說寺後山形似虎蹲伏，故名。此為入山第一大廟。寺周圍楠木茂密成林，高大參天，遮蔽殿宇。寺後羅峰山，有『羅峰晴雲』形勝。出寺西北行里餘，有解脱橋跨於瑜伽河上，坐聽泉聲，精神為之一爽。過解脱橋，一路群峰羅列，泉石不斷，水聲潺潺，聞而忘俗。上山到此，解脱凡塵；下山到此，解脱險阻，故名之『解脱』。過橋不遠，陡坡百餘丈，名解脱坡。一路幽篁，蒼翠欲滴，上坡即為解脱庵。相傳此處為普賢習靜之所。由此北行二·五公里即純陽殿，殿前不遠處有一石如船，名石船子，一名普賢石、普賢船，又呼菩薩神船，相傳為普賢登山憩息之處。前行數百步山口，即慧燈寺舊址，自慧燈寺舊址至神水閣約二·五公里。神水閣一名聖水閣，因閣前有玉液泉而著名。泉出石下，清澈無比，終年不枯，俗稱神水，清初改今名。由神水閣東北行數里則見中峰寺，山後有呼應峰。西行上坡約〇·五公里為觀音寺。由此再西行約一公里，經絲網坡，路極險峻，稍平處為龍昇岡。寺後一峰突起，形似香爐，故名香爐峰。再西北行一·五公里即為廣福寺，翠樹成蔭，到者忘暑。寺後為牛山嶺，極為青翠。自廣福寺西北下坡行約〇·五公里，即為清音閣，凌雲高聳，兩水環抱。右名『黑龍江』，一稱黑水，左名『白龍江』，一稱白水。由清音閣上山有兩條線可行。一條經白龍洞、萬年寺、華嚴頂，至洗象池。白龍洞又名白龍寺，寺外兩旁林蔭夾道，古楠參天。萬年寺位於觀心嶺下，海拔一〇二〇米。寺創建於東晉，唐時稱白水寺，宋時改名白水普賢寺。明萬曆年間才改名萬年寺。此處有『白水秋風』勝景。華嚴頂建於清初，名中頂。孤峰挺秀，風景奇妙。洗象池，明代稱初喜庵，清康熙年間擴庵為寺，此處有『象池月夜』勝景。另一條上山路線經黑龍江棧橋、洪椿坪、仙峰寺、遇仙寺，至洗象池。黑龍江棧橋依山臨水。夏日緩步棧道，微風吹拂，涼爽宜人；俯視深澗，溪水晶瑩，清澈見底；抬頭仰望，峭壁凌空，千藤萬蔓，濃蔭蔽日，天光一線，此為『一線天』形勝。通過棧橋，再過三道石橋，沿石梯而上，即到洪椿坪。洪椿坪古稱千佛庵，後因寺前有洪椿古樹而改此名。由洪椿坪上行，經扁擔巖，登『九十九道拐』至仙峰寺。仙峰寺與洗象池之間尚有遇仙寺。以上兩條線到達洗象池後，經雷洞坪、接引殿、抵達金頂。金頂海拔三〇七七米，峭壁萬仞，氣勢磅礴。雖地勢險峻，卻依山就勢，巧擇地形，建有較多寺庵，形成朝山禮佛高潮。有卧雲庵位於金頂之側百餘米處，此處終年煙雲飄忽，故名卧雲。頂上有普光殿、華藏寺、『金殿』（銅造佛殿）等。可惜『金殿』及原華藏寺於一九七二年毀於火災，華藏寺後重建。頂上有『金頂祥光』等形勝。距金頂二·五公里處是千佛頂，寺原名萬壽寺，這一帶坡度平緩。距千佛頂二·五公里處，為萬佛頂，原名極樂堂，海拔三〇九

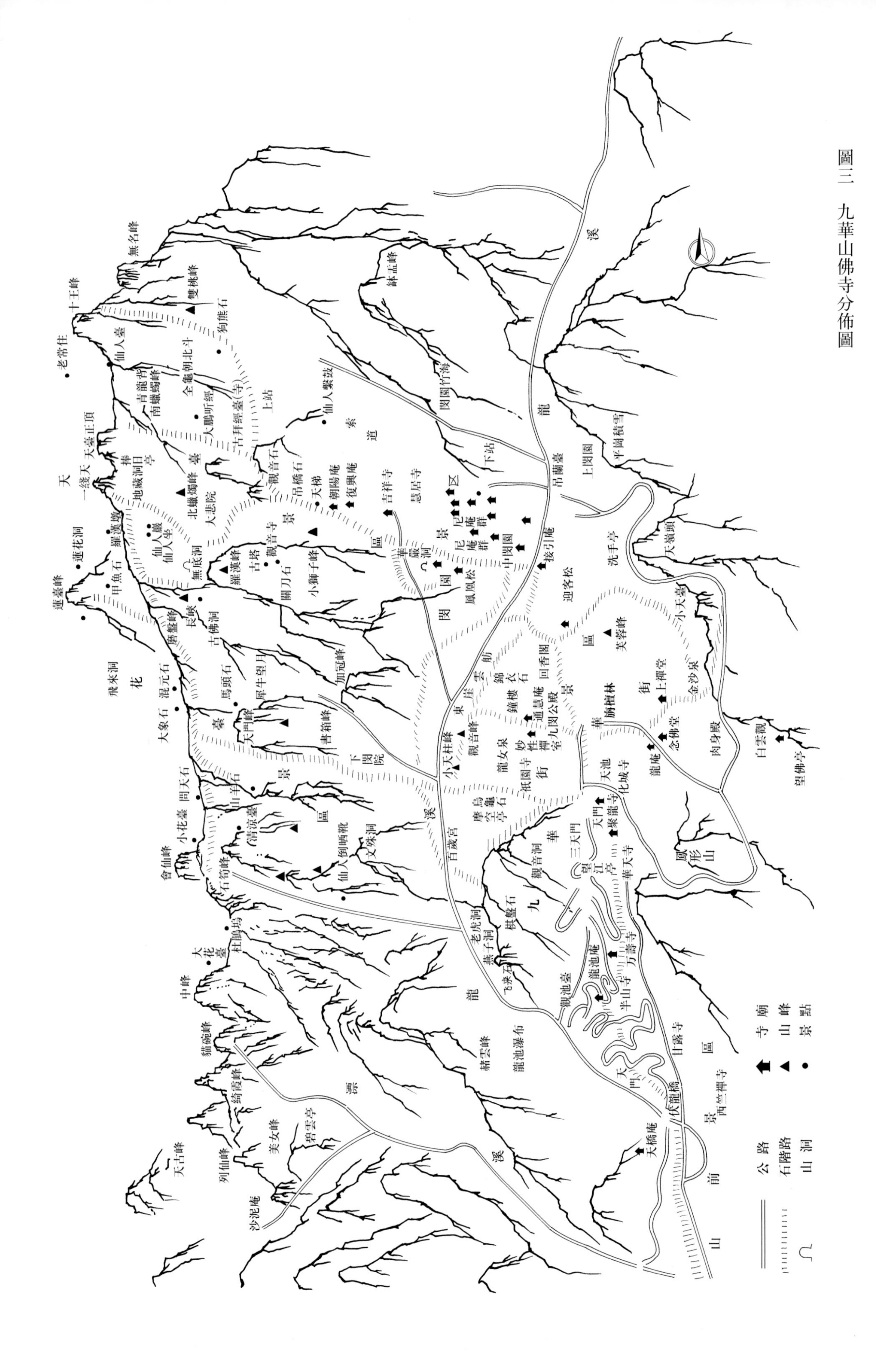

公路
石階路
山洞
寺廟
山峰
景點
十王峰
老常住
無名峰
雙桃峰
狗熊石
仙人臺
金龜朝北斗
大鵬听經
古拜經臺(寺)
上站
仙人鱉鼓
青龍背
南蠟燭峰
天臺正頂
一綫天
地藏洞
北蠟燭峰
大悲院
觀音石
吊橋石
天梯
朝陽庵
復興庵
吉祥寺
慧居寺
蓮花洞
羅漢墩
仙人坐
無底洞
羅漢峰
古塔
觀音寺
小獅子峰
關刀石
鳳凰松
華嚴洞
中閔園
接引庵
迎客松
洗手亭
天嶺頭
小天臺
芙蓉峰
吊蘭臺
上閔園
平崗積雪
缽盂峰
閔園竹海
下站
蓮臺峰
甲魚石
長峽
古佛洞
磨盤峰
馬頭石
犀牛望月
加冠峰
飛來洞
混元石
大象石
天門峰
書箱峰
下閔院
東崖
觀音峰
小天柱峰
龍女泉
祇園寺
鐘樓
錦衣石
通慧庵
九閔公殿
回香閣
肉身殿
金沙泉
上禪堂
念佛堂
白雲觀
望佛亭
問天石
山羊石
清涼臺
小花臺
會仙峰
石筍峰
仙人倒晒靴
文殊洞
百歲宮
化城寺
天池
聚龍寺
天門
三天門
華天寺
觀音洞
望江亭
鳳形山
柱鵲鳥
大花臺
中峰
老虎洞
棋盤石
燕子洞
飞来石
萬壽寺
龍池庵
觀池臺
半山寺
甘露寺
貓碗峰
緒雲峰
龍池瀑布
綺霞峰
美女峰
碧雲亭
天古峰
列仙峰
沙泥庵
天橋庵
伏龍橋
西竺禪寺

圖三　九華山佛寺分佈圖

九米。登上萬佛頂，環顧四周，群山起伏，峰巒疊翠，岷江、清衣江、大渡河，如條條玉帶，銀光閃閃；大雪山、貢嘎山，白雪皚皚，接連天際。

九華山位於安徽青陽縣西南二十公里處，面積百餘平方公里。九華山自東晉始有寺廟。唐永徽四年（公元六五三年），出家為僧的新羅國（今韓國）王子金喬覺來到九華山，在今九華街中心建造化城寺，並一直住在這裏。九十九歲圓寂時，肉身不壞，以全身入塔，安奉於月（肉）身寶殿中。金喬覺法名地藏，佛徒傳為地藏菩薩再世真身，九華山遂以地藏菩薩顯靈説法的道場聞名於世（圖三）。

九華山有九十九峰，其中以天臺、蓮花、天柱、十王等九峰最為雄偉，又以十王峰為最高，海拔一三四二米，年平均氣温攝氏十六度，平均降雨量一六〇〇毫米，氣候温和，風光誘人。史籍記載，九華山廟宇和佛像唐代時最多，有廟宇八百餘座，佛像萬餘尊。現今九華山尚存寺廟八十二座，佛像六千多尊，居四大佛山之首。其中祇園寺、百歲宮（萬年寺）、東巖寺（已毁）、甘露寺合稱九華山四大叢林。作為佛教勝地，朝拜路線多從五溪進入山腳，然後分段登山朝拜。大致可分為四路。首先是從二聖殿至九華街，往南行程有七・五公里，登石階二・二萬餘級。二聖殿前不遠有一宿庵，庵的左側便是九華第一瀑布，名桃園瀑布。前行數百步，有小石橋一座，依山傍橋面對溪流有大橋庵。過橋即至甘露寺。從甘露寺右上，有一巨石，臨萬丈深淵，上書『定心』二字，相傳為明代祝枝山所題。經定心石，過二天門，至龍池。九華溪、千丈泉兩水相擊，注入池中，洶湧澎湃，似龍入潭，故名龍池。附近有龍池庵。由一天門至龍池庵，沿途松竹夾道，綠蔭如雲，四季常青，故名常青階。前行，過半山寺至萬壽寺。寺前有一狹路，長三十餘米，寬約一米，狀似一橋，相傳為仙人鞭桿而成。由此往前，過望江亭舊址，登上九華山北山之頂，此處名為三天門。轉下，有百歲宮下院、祇園寺。至此，已達九華山之中心——九華街了。此為北路。第二條為西路，由九華街至神光嶺，有一・五公里。九華街為九華山中心地段，形成小鎮。鎮中心廣場有化城寺、放生池、娘娘塔等。九華街南端有旃檀林。出九華街往南，順石階而上，路左有無量寺、廣濟茅蓬，路右有淨土庵、淨潔禪林，再上百餘級石階便至上禪堂。至此已到神光嶺下。神光嶺上有肉身寶殿，殿前有石階八十餘級，頂有天橋。殿內有肉身塔，高七層。第三條為東路，由九華街至小天臺，長達五公里。此線由祇園寺後沿石階上山，途中有一岔路，右上至百歲宮；左行至老虎洞，路心有一石，形似烏龜，稱烏龜石。往北攀登約一公里，即為摩空嶺。自摩空嶺順石級而下，盡端有一地藏殿。殿側巖石，形如虎首，俗稱虎臺巖。巖下有洞，稱伏虎洞。在洞旁百丈峭壁上，有『九龍一虎』、『別有天地』八個字，相傳為李白所題。崖下路旁有龍虎泉。從地藏殿後順石階直上，頂上有大石似蓋，側望又如蒼鷹翹首，故稱鷹石。峰頂有百歲宮（上院）。自百歲宮上院沿山頂小路南行，有一古老小廟，即觀音閣，附近有巖石其形如舟，石壁上鐫有『雲舫』二字。巖下尚有金仙洞、龍女泉等。於東巖下，有六角形的兩層樓閣，稱幽冥亭。底層懸古銅鐘一口，有僧人居於亭内，晝夜撞鐘，鐘聲幽揚。由幽冥亭經回香閣至六格凹。從六格凹沿山頂南行約一公里至平天岡，此處有『平岡積雪』形勝，為九華美景之一。由平天岡返回再向西約一公里，即為小天臺。小天臺寺内供奉佛像八十八尊。第四條為南路，自九華街至天臺，登石階二萬餘級，行程七公里餘。出九華街東行，過山脚下通慧庵，上行即至回香閣。從回香閣順石階而下，山麓即為接引庵。庵面山臨溪，有古石橋名通天橋者横跨溪上，溪流潺潺，雨後泉水聲震山谷。經通天橋，便到中閔園。於一片松林竹海之中，有靜修茅蓬、蓮花庵、香山茅蓬等大小庵堂二十餘座，南北有上下閔院，環境十分清雅，再前行有九華蓮社、普濟寺、小金剛寺等，可至慧居寺。慧居寺殿宇高大，佛像莊嚴，梵音不絶。自慧居寺沿石階而上，途經吉祥寺、延壽寺，至獅子峰下，有朝陽庵，地處要道，路從庵内穿過。庵内有一洞，名獅子洞，洞内有清泉滴瀝，水味清洌甘美。自朝陽庵順石階再登，前有翠雲庵。距翠雲庵一公里處，有觀音峰廟，依山而築，高五層。再上，有古拜經臺，又名大願寺，相傳為金地藏拜經處，尚留有『脚印』。寺後巖壁上有一石，高約二十米，形似老鷹，名大鵬聽經石。從古拜經臺順石階轉彎，可直上天臺，即至地藏禪林，俗稱天臺寺。寺前有渡仙橋，過橋可至捧日亭，為看日出、觀雲海之佳處。天臺石崖上鐫刻『中天世界』。

佛教四大名山僅五臺山一座位於北方。五臺山的山勢地貌、氣候、植被等自然條件與江南三座迥然不同，作為佛教勝地，其寺廟的佈局和佛教環境意境也大有差異了。

五臺山位於山西省五臺縣，東北——西南走向，面積達五千平方公里。有五峰高聳，峰頂平如臺面，即所謂五臺。山中四月解冰，九月見雪，山頂背陰處積雪經年不化。五臺山佛教自何時始興，有几種不同説法，但最晚到北魏時肯定已經創建寺廟。經過北周武帝滅佛之難，隋文帝重新興佛時，下詔五頂各置一寺。唐高祖李淵自太原起兵而得天下，視五臺山為龍興之地，後世宋、元、明、清各代皇帝均曾敕建寺院。五臺山確立文殊道場的地位後，一時僧人達萬人之衆，高僧雲集，寺廟林立，香火不絶。公元一九五六年調查時，臺内臺外尚有青廟九十九處，黄廟二十五處。五臺山有東、西、南、北四門。東門以前曾是多數人的主要路徑；西門為蒙古人入山路徑；南門修築公路後為多數游人香客入山路徑；北門地高天寒，飛沙走石，除非夏季，不走此路。五臺山臺內有所謂『五大禪處』、『十大青廟』，其總體佈局與建築形制皆具北方特徵。

三　環境意境構成特徵

（一）因山佈寺　融於山林　江南的佛寺大多以山林秀色作為特有的環境背景，藉助廣袤無垠的自然山水，因山佈寺，將佛教建築融於叢山綠水之中，創造了佛家追求的幽深空靜的環境意境。千百年來，佛家歷代僧人依山取勢，巧擇地形，極其成功地規劃建造了無數佛寺，形成了一個又一個佛教勝地。這些佛教勝地的形成歷經漫長的歲月，建築的佈局經過周密策劃，與自然環境的結合恰到好處，天賜地設的自然景觀又因佛教建築的介入更增添了無窮魅力。

因山佈寺是山林佛寺總體佈局的特點，也是佛教勝地的佈局經驗與方法。佛教勝地的形成和發展都有上千年的歷史，它並不可能有事先的總體規劃，然而佛教文化為其潛在的脈絡，地理環境為其規劃建設的背景和基礎。因此，佛教勝地中的衆多佛寺庵堂，雖然是由一代又一代的僧人逐個擇地而建，歷時久遠，但脈絡清晰，風格同一，最終形成山林佛教勝地的總體環境。

就地理範圍而言，佛教勝地有廣有狹，相差懸殊。但無論地域之廣狹，佛寺之疏密，在其佈局上，因山佈寺的首要原則是從整體出發。在小如拳石的普陀海島，歷史上建造的百餘座寺廟庵堂茅蓬幾乎覆蓋了整個山島，而在地域廣闊的峨眉、九華，佛寺的分佈雖不能覆蓋整個山域，但其影響範圍至少涉及山域的主要部份。

地域的廣狹直接影響佛寺分佈的密度。峨眉、九華二山作為佛教勝地，所佔地域方圓百餘公里，五臺山地域更為寬廣。普陀山面積最小，不足十三平方公里，寺院禪林、庵堂茅蓬星羅棋佈，達到每平方公里五·一二座。其餘三山由於地域極為廣闊，佛寺分散佈局，密度相對降低，分別為：峨眉山每平方公里〇·〇九座，九華山每平方公里〇·七八座，五臺山每平方公里〇·三二座。歷代僧人為佛寺的建造精心選擇地形，依山取勢，分散佈局，依仗峰巒之挺秀、林木之濃蔭，大大加深了寺廟建築的宗教氣氛。

然而在同一山域中佛寺的分佈並不均衡安排，而是疏密相間、錯落有致。寺廟較密集的地方往往地勢平緩，林木繁茂，冬避寒風侵襲，夏迎涼風吹拂，氣候溫和而景色綺麗。例如普陀山，雖面積狹小，但山島西部、北部山崖陡峭，海灘多淤泥，加之冬有寒風，種植維艱，寺庵選址便避之西北而雲集東南。這裏所採用的疏與密、集與散的分佈方式是因山佈寺的又一原則，有利於寺廟建築與環境的有機結合。

依照地形地貌特徵將山域劃分成幾個區，寺廟建築分區佈局是因山佈寺原則的又一體現。這種劃分區域的佈局方法形成了寺廟群的秩序感，增加了環境結構的節奏和韻律。同時，寺廟的組群也往往與佛教的組織和隸屬關係相一致。

（二）寺居山巔 控制全山　在山林佛寺中，寺在山中的位置，或居山麓，或居山腰，或居山巔。位於山巔者，又有雄居峰頂氣勢顯赫者與居峰側半藏半露者之別。一般而言，山頂佛寺均有控制全山的勢態。

普陀山主峰佛頂山上的慧濟寺，在制高點『天燈』一側，取山巔平地建寺，半藏半露，隱於山巔林木間。山頂面積有限，沒有發展更多的建築。昔日其下院及所屬庵堂皆建於山下。白華頂上有天燈閣，古時僧人常於山巔燃薪導航以行善舉。論其規模，慧濟寺遠不如普濟、法雨二寺，然而它高居主峰之巔，位置顯得十分重要。從宗教意義上看，慧濟寺供奉的是釋迦牟尼佛祖。朝山進香者在拜謁觀音途中，歷經普濟、法雨兩大寺及衆多庵堂禪林之後，登上山頂拜謁佛祖，形成禮佛高潮。因此，高居山頂的慧濟寺就成了海島仙山的中心，佛徒崇拜的最高境界了（圖四）。

峨眉山金頂有華藏寺雄峙於海拔三〇七七米的山巔。寺之規模宏大，中軸線上順地勢由低到高分佈著三重殿宇，依次為彌勒殿、大雄寶殿、普賢殿。大雄寶殿居中，以顯示佛祖至高無上的地位；普賢殿在後，位於臺地的最高層，是峨眉山最高的殿堂，殿門上方有趙樸初題『金頂』匾額，為金頂制高點之所在。從山麓報國寺至此，遥遥六十公里，寺廟殿宇逐級昇高，金頂作為攀登的最終目標，自然是最重要的。以華藏寺為主體的金頂建築群規模宏大，氣勢不凡，又因其位置處於三千餘米的峰頂，頗具統領全山之勢。

從佛像和佛殿的設置來看，由於峨眉山為普賢道場，拜謁普賢菩薩自然是善男信女朝山的主要目的。因此，一路上各寺庵的供奉神像中多有普賢的形象。在登金頂之前，有洗象池庵院作為前導，以普賢菩薩每次騎象登金頂必先在池里洗象的神話傳說為佛教背景，更加突出了金頂的神聖地位。金頂主寺華藏寺以大雄寶殿為中心，將普賢殿退居其後，佛祖與菩薩主次關係十分清楚。但由於臺地的逐級昇高，普賢殿卻又成了峨眉山最高的殿堂，這種佈局突出了普賢道場的特點，又不失佛陀菩薩的主次關係。加之金頂自然景色本是雄險奇偉，至此，不僅佛徒拜謁普賢菩薩和拜謁釋迦牟尼佛祖的心願都得到滿足，而且，人們可居高臨下遠眺山海峰浪、江河流水。

圖四　普陀山慧濟寺平面圖

圖五　金山江天寺平面圖

九華山以九十九峰著稱，又以天臺、蓮花、天柱、十王等九峰為最，在方圓百餘公里的群山中，風景佳麗的諸多峰頂均建有各自的寺廟。那種群峰競秀的山勢地貌決定了佛寺佈局不以一峰一寺為終極高潮，而以各條香道所到達的秀麗山巔為終點，在那里精心佈局建造形式各異的寺廟。這種以峰巒為景區單位的山頂佛寺在總體佈局上具有多中心的特點，在每個景區單位的主峰上建造的廟宇殿堂畫龍點睛般地突出了景區主題，起到了控制峰巒的作用。例如神光嶺上的肉身寶殿，建築形體俊高如塔，聳立在嶺巔，露而不藏，超然於世。從九華山中心地段九華街往南，一路順山勢上行，經過無量寺、廣濟茅蓬、淨土庵、淨潔禪林，登上百餘級石階到上禪堂，前面山勢陡峻，再攀登石階八十餘級才可達嶺頂。一路仰望神光嶺上肉身寶殿，巍峨壯觀。金地藏菩薩的寶殿在景觀上和人們心理上佔有主導地位，並成為攀山禮佛的最終目的。神光嶺並不很高，寺庵集中，分佈井然有序，這與山頂佛殿在佈局上的控制作用也是分不開的。另有插霄峰上的百歲宮，天臺峰頂的天臺寺，山峰高大，山麓、山腰的寺庵佈局相對分散，然而所採用的佈局手法和效果與上例十分相似。

（三）以寺裹山　巧借峰巒　當山峰不高，體量不大，而寺廟頗具規模時，將寺廟殿宇、僧房、庭院、塔幢的佈局利用山體形狀，最大限度地與山峰地勢結合，形成以寺裹山的效果，是佛寺佈局的又一成功形式。這種巧借峰巒精心構築的大型寺廟，遙望之如同天宮樓閣、瓊樓玉宇，似佛國仙山展現眼前。近觀之，殿堂樓閣層層昇高　整個建築群充分展現出來，層次分明，氣勢雄偉，殿堂林立，佛像莊嚴。這種特有的透視效果是平地上的佛寺所難以達到的。

位於鎮江市金山上的江天寺（俗呼金山寺），依山而建，從山腳到山頂，殿宇樓堂幢幢相銜，階梯成疊，長廊蜿蜒，　建築群將整個山包裹起來，故有『金山寺裹山』之稱。山腳寺前有八字牆及石牌坊，入內為天王殿、大雄寶殿（舊址新建）、藏經樓、念佛堂、留宿處、方丈室等，分高低建在山坡臺地，山坡較陡，高差甚大，兩側以臺級相連。山頂有留雲亭（御碑亭）、仁壽塔。塔為磚身木檐，倣樓閣式，八角七層，外設平座，形體俊秀挺拔，成為整個建築群的縱向構圖中心（圖五）。

（四）深藏不露　取其幽蔽　由於自然條件的優越，江南山林植被豐鬱，林泉秀美，地形複雜　，為佛家所需要的幽靜隱蔽的意境提供了天然的環境背景。山林寺庵的興建，為了更充分地利用山林的優越環境，強化環境的『清』與『幽』的特徵，往往向深山密林發展，將寺庵建造在山坡或山麓低凹處，隱於參天林木巨巖異石之間，以藏而不露的佈局方式取得幽靜隱蔽的效果。

普陀山的隱秀庵隱於白華山山巒中，這裏地勢平坦，週圍翠山環抱，綠樹成蔭，建築隱於茂林修竹之間，環境恬靜。庵院建築佈局呈二進中庭四合院形式，規整而嚴謹，朝向正南，中軸對稱。然而整個建築群與外界幾乎隔絶，碧海金沙近在咫尺，卻寂靜清幽不聞潮聲，石林隱秀，林深谷幽。其位置距海島碼頭『短姑道頭』以及主香道『妙莊嚴路』僅數步之遥，其間有山林阻隔，不可望見亦不能逕直前往，必由庵南的山門小逕繞道引入，頗有世外桃源之慨，是老僧隱居修性的適宜處所（圖六）。

普陀山普慧庵在西天門下山腰間，曲逕深入，古樟蔽日，竹林風生，儼然一幅『曲曲

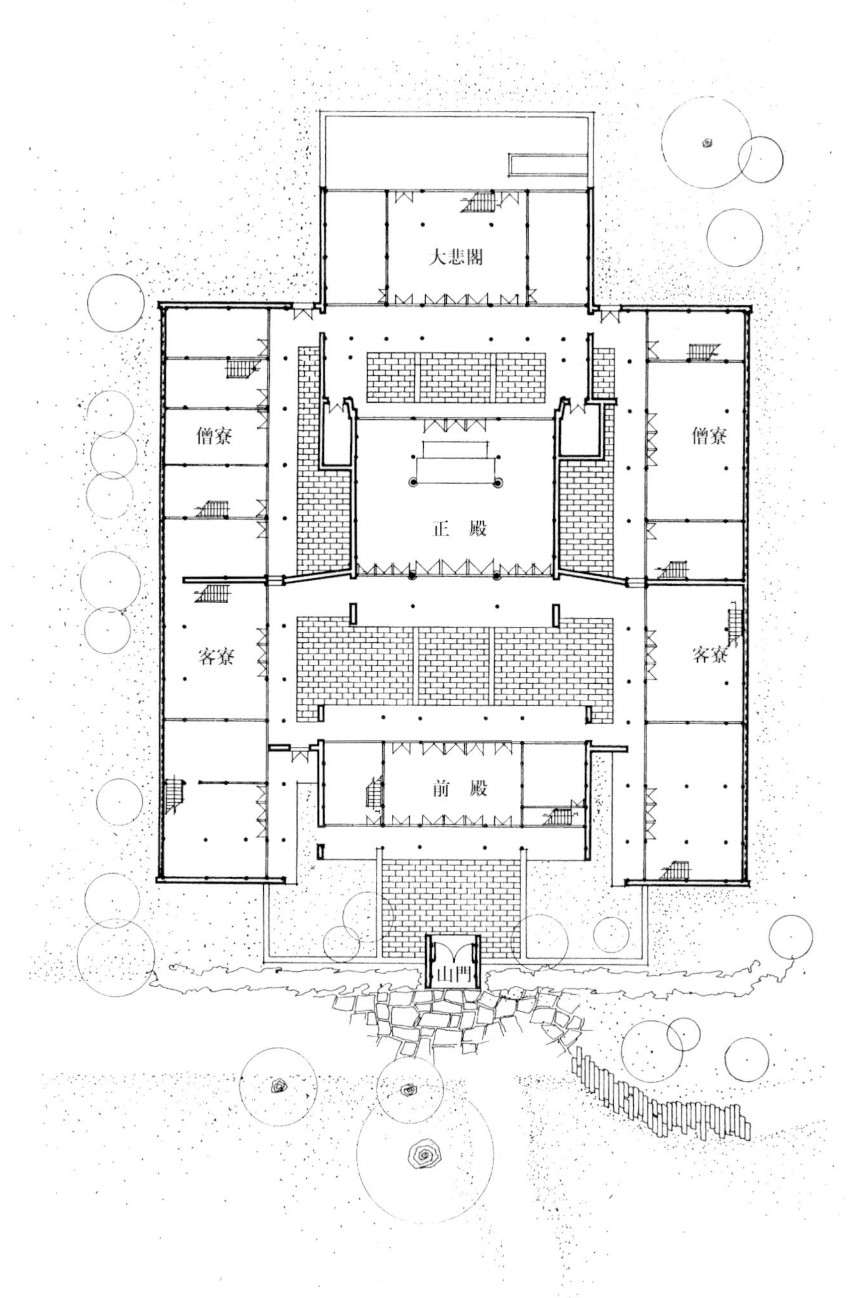

圖六　普陀山隱秀庵平面圖

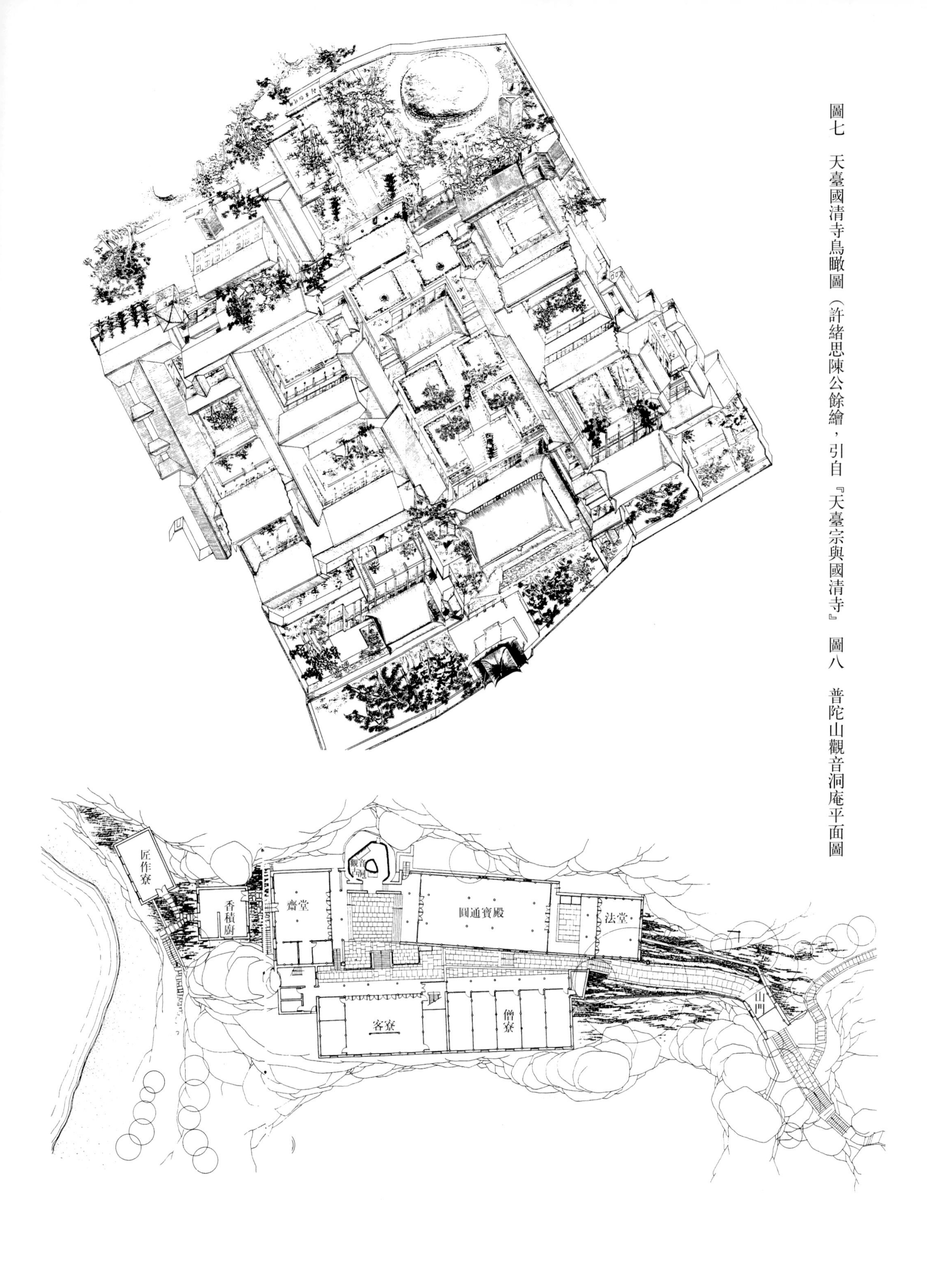

圖七　天臺國清寺鳥瞰圖（許緒思陳公餘繪，引自『天臺宗與國清寺』

圖八　普陀山觀音洞庵平面圖

小逕通幽處，竹篁林中頌經聲』的情景。

天臺國清寺雖為規模宏大的名寺巨刹，卻採用了『藏而不露』的佈局方式。寺址為山巒的小平原，北有八卦峰，東有靈禽峰，東南有祥雲峰，西有映霞峰，西南有靈芝峰。唯有南面有平坦山麓，是寺的主要通道之所在。道路順山勢繞過祥雲峰，過豐幹橋，寺廟建築群在參天林木中展現出來（圖七）。

（五）半藏半露　超然於世　寺於山林間呈半藏半露之狀，是常見的佈局方式。大的寺廟且不論，一些中小型寺庵，所取的位置在觀景攬勝最佳處，而建築本身由於精巧雅致並與自然景觀相協調，成為景中之景，為大自然景色增輝。在建築形體的創造上，這些寺庵建築群於青山碧水間若隱若現，體量不大的殿堂樓閣或素雅或堂皇，看似遥遠卻又徒步可及，似乎是佛國仙境的所在，引人前往膜拜。

普陀山觀音洞庵位於海島西南，梅岑峰西端鸚哥巖下，遥對沈家門。沿前寺橫街西行，過盤陀庵抵司基灣，折北登山，觀音洞庵即在山腰。自觀音洞東側石階攀山可達盤陀石等景點。庵址在山坡狹長地帶。山門位於陡峻山路一側，入山門有一狹長的東西向院落，沿著面南山坡展開，作為入寺之過渡。狹院北側依山建有黄色牆垣，上書『南無觀世音菩薩』，長達七〇餘米。南側築石欄，憑欄遠眺，海闊天空。狹院西端為二山門，門內一狹長巷弄。走進巷弄再往西行數步，折北為主院，院北有山崖石洞，即觀音古洞之所在。崖上石壁鐫刻『大士重現』四字。院東為圓通主殿，殿後為法堂。院西為齋堂。主院之南面地面順地勢下降約二米，有僧房、客堂等。建築皆青瓦硬山，為當地傳統建築風格。這座建造在山崖峭壁的庵院，從司基灣一帶遥望，似仙山瓊樓，典雅素淨。祇見山門牆垣和古樹半遮的青瓦黄牆，卻不知梵刹殿宇深幾許（圖八）。

再如普陀山的白華庵、楊枝庵、雙泉庵，九華山的甘露寺、龍池庵、接引庵、翠雲庵，峨眉山的伏虎寺、解脱庵、觀音寺等，雖所處的位置不同，地形地貌各異，皆採用半藏半露的佈局手法。

（六）香道相係　連成整體　佛教名山大多地域廣闊，寺廟衆多。這些佛教名山無論地域之廣狹、佛寺分佈之疏密，其中必不可少的是將各個寺庵聯係起來的道路系統，這些以『朝山進香』為目的的道路俗稱『香道』。香道的分佈是佛教勝地的又一成功之處。香道一般從入山起始，沿途經過一座座大小寺庵，或近或遠，　並伴有佛教寓意的景點形勝，宗教氣氛逐漸濃鬱，意境步步加深，最後達到佛山最高處或佛山的中心地帶，這裏有全山最大的佛寺，是朝山進香的高潮。有的又以中心地帶為各條香道的起始，再向各路延伸出去，構成放射狀香道網絡，將衆多寺廟禪林幾乎無一遺漏地連成整體。

峨眉山的香道分前、中、後三段。整條香道以報國寺為起點，以金頂為終點。前香道由報國寺至清音閣。從報國寺入山，不遠即為伏虎寺，是入山之後的第一大廟。順香道繼續攀山而行，依次有：解脱橋、解脱庵、純陽殿、慧燈寺、神水閣、中峰寺、觀音寺、廣福寺、清音閣。前香道不僅聯係了寺庵殿閣，一路還有諸多景點形勝。這些景點形勝多冠以佛教寓意的名稱並與佛教傳説有關。依次有：羅峰山（羅峰晴雲）、瑜伽河、解脱坡、普賢石、玉液泉（神水泉）、絲網坡、龍昇岡、香爐峰、牛心嶺、黑龍江、白龍江等。從清音閣至洗象池為香道中段。中香道分兩路：一路經白龍寺、萬年寺、華嚴頂（中頂寺），至洗象池（初喜庵）。沿途有觀心嶺、『白水秋風』、『象池月夜』等形勝。另一路經洪椿坪（千佛庵）、仙峰寺、遇仙寺，至洗象池。沿途有黑龍江棧橋、『一線天』、洪椿古樹、扁擔巖、『九十九道拐』等勝景。從洗象池往上至金頂為香道後段。後香道山勢陡峭，高差達一千米，沿途有雷洞坪、接引殿等。金頂一帶雖地勢險峻，卻建有較多寺庵，結合山巔磅礴的氣勢，形成朝山進香高潮。整條香道到此已達終點。

可見，香道的作用不僅在於使朝山進香者方便到達各個寺廟，還在於將山林勝景連成一氣，遊山與進香兼而顧之。

普陀山三大寺由一條主香道連結。這條主香道貫穿海島南北，長達十餘華里。另有東、西、南三條輔助香道，將普陀海島寺庵禪林連成一氣，形成了『海天佛國』特有的道路系統。主香道也分為三個段落：妙莊嚴路、玉堂街、香雲路。妙莊嚴路為主香道的前段，始於短姑道頭，止於普濟寺，路面十分考究，皆用石板鋪砌，每隔數丈鏤刻蓮花一方。短姑道頭在海島最南端，昔日為入山第一境，有『短姑勝跡』傳説，現有三間七樓琉璃牌坊一座。沿路前行過海岸庵，路東圍有短垣，中鑲明代董其昌手書『入三摩地』碑刻，宗教氣氛始濃。路經白華庵拾級而上，兩側石壁幹壘，藤葛相附。路口一對石柱上有對聯『金繩開覺路』、『寶筏渡迷川』，加強了佛國入境的氣氛。沿緩坡上行，過正趣峰上正趣亭轉而下行，路旁有三聖堂掩於古木虬枝間。路至坡底，豁然開朗，蓮池清波，赤壁金頂。為島上最大佛寺普濟寺所在。這裏是普陀古鎮，寺院庵堂雲集。以小鎮為中心，向東、西、南有三條輔助香道延伸出去，向北則為主香道的繼續。主香道從普濟寺至法雨寺路程約有五華里，路東是蒼茫大海，有百步沙、千步沙勝景，幾寶嶺上有仙人井、朝陽洞等古跡，路西象王峰山麓一帶，庵院接連不斷，有悦嶺庵、鶴鳴庵、長生庵、大乘庵、常樂庵、雙泉庵、楊枝庵等。一路樟林蔥鬱，松柏迎人。主香道抵法雨寺又分兩路；折而東行， 直抵梵音洞；往北登山，為香雲路。香雲路是主香道的最終一段，從法雨寺西側起始，　沿溪谷山逕拾級而上，山路陡緩相間。半山中有香雲亭及香雲蓬小廟，於此可小憩、禮拜、憑欄觀海景。過香雲亭，忽為陡峭石級。將至山巔，突現巨石，凌空若舉，此即『雲扶石』，石下有巨巖相承，巖壁間鐫刻『海天佛國』四個大字。繞過巨石，路窄坡急，再登數步，即至山巔慧濟寺了。寺旁為白華頂，全山制高點，上面建有天燈閣。古時僧人於閣內燃燈導航，以行善舉。

普陀山的主香道聯係了三大寺和許多庵堂禪林，使朝山進香者方便地前往各處，同時又極其成功地將自然環境、景觀形勝、佛教建築有機地聯係起來，使佛教環境意境逐漸加深層次，宗教氣氛逐漸濃厚。

另外三條輔助香道分別聯係了位於海島東南、南、西部的庵院，並與山景、海景、石景、洞景密切結合起來，構成了完整的總體佈局，使全山宗教氣氛更加濃厚。

九華山的香道佈局形式與普陀山頗有相似之處。朝拜路線從五溪進入山腳，此為進山香道之始端。由此至九華街的香道可稱之北香道。北香道為進山主要路徑。行至九華街，便到達九華山勝地的中心區域。由九華街往神光嶺為西香道；由九華街往小天臺為東香道；由九華街往天臺為南香道。這四條遠近不等的香道呈放射狀向東西南北四方延伸出去，將九華山衆多佛殿庵堂、山水形勝聯係起來。九華山勝地雖地域廣闊，勝景繁多，寺廟散佈，卻因香道網絡的成功佈局而井然有序，渾然一體。

（七）寺廟群聚　香火鼎盛　在佛教勝地的中心地帶，常常形成寺廟群聚的小鎮。寺廟融於廣闊山林的分散佈局，是佛教徒創造佛家所追求的清幽空靜環境意境的成功方法。但是，無論從佛寺等級制度上，還是從禮佛者的心理上，建造一個佛教勝地的中心地帶是至關重要的。這個中心地帶相對集中的佈局建造了大小不同的寺庵建築，構成以佛教為主題的小鎮。千里迢迢來山進香的虔誠香客在鎮上歇腳，購買香燭乃至食品等物，逐個廟堂一一拜謁。這種寺廟群聚的中心小鎮既是目的地，又是通向山中諸多寺廟和景點形勝的起點，使漫長的朝山旅途具有明顯的節奏性、秩序性。中心地帶的寺廟群落具有最濃厚的宗教氣氛，人群最集中，香火也是最旺盛的。

普陀山的最大寺廟普濟寺所在地是一個古老小鎮，位於普陀海島中偏南的平坦地帶，北依靈鷲峰，南對正趣峰，東鄰海濱百步金沙。普濟寺是普陀山最早供奉觀音大士的主刹，普陀山發展成為佛教名山與該寺之興衰有著密切關係。寺創建於北宋神宗時，後屢經興衰，現存之規模大致為清初康、雍兩朝所奠定。寺之四周庵院林立。息耒禪院在寺西，舊名息耒庵，清康熙年間建，為僧通旭潮音禪師年邁謝事寄息之所。再西有盤陀庵，明代創建，古稱清淨境，入口照壁有明代董其昌手書『盤陀庵』三字。普濟寺東的橫街北端西側，有洪筏禪院，原名洪筏堂，明代萬曆年間創建。在寺前香雲街上，左有藥師殿、澄心堂、法善院，右為積善堂、晏坐堂、錫麟堂，寺前海印池南有天華堂、百子堂，池東有多寶塔、文昌閣等。這些佛教建築於大寺周圍形成龐大建築群。寺之東側有傳統商業街。小鎮以宗教為主題、以大寺為中心發展起來，成為香客遊客朝山進香的集結之地。普濟寺的香火歷來都是最旺盛的，尤其逢年過節，或農曆二月十九、六月十九、九月十九日的觀世音聖誕、成道、圓寂日，遊人更是摩肩接踵，絡繹不絕。

九華山的寺廟聚集地九華街位於山中腹地，周圍崇山峻嶺，廣袤無垠。從二聖殿入山至此，行程十五華里，登石級二萬餘，路途遙遠。欲遊遍群峰飽覽勝景，至各處寺庵叩拜佛陀，這裏纔僅僅是開始。小鎮不僅是人們食宿歇息的方便之地，而且集中了歷代建造的許多寺廟，祇園寺、百歲宮下院、化城寺以及近處神光嶺上的肉身寶殿皆為大型寺廟，還有許多小型佛教建築遍佈鎮上；從百歲宮下院石板路開始，有天池庵、東崖下院等，街上有旅店、商店、郵電局、銀行等。九華街中心廣場有『娘娘塔』、放生池，池北有化城寺，是九華山歷史最悠久的寺廟，始建於東晉年間。由中心廣場至神光嶺肉身寶殿是九華街的延續，一路上寺庵禪堂接連不斷。

峨眉山的寺廟聚集地在金頂，接近朝山進香線路的終點。它的位置，從地理環境和佛寺佈局上看，均不在全山中心，與前二山不同。金頂一帶雖地勢險峻，但廟宇最密。香客遊人大多先至卧雲庵，高度已達三〇五八米，再前行一百米，抵達海拔三〇七七米的金頂，峭壁萬仞，氣勢磅礴。頂上擇地興建的普光殿、華藏寺、金殿等皆著名古剎，佛教氣氛極濃。人們經過了循序上行的漫長香道，到達金頂便滿足了朝山禮佛的心願。從金頂前行二·五公里是千佛頂（萬壽寺），從千佛頂前行二·五公里是萬佛頂（極樂堂），上昇高度僅二十餘米，已是禮佛活動的尾聲了。

（八）巧於因借　佛山增勝　『因借』的技法原則在於因地制宜，巧妙結合環境，利用建築手法攬景於懷，以增情趣。造園名著《園冶》中就有『巧於因借，精在體宜』的提法。佛教勝地本身包括了自然山水景色與人工建造的佛教建築兩方面內容，兩者的融合則是佛教勝地環境創造的生命線，因借便是其中的一種主要手法。自然風景區內的名勝、古跡、觀賞點，古人稱之為『景勝』或『形勝』，如浙江寧波太白山的『天童十景』，普陀山的『普陀十景』，天臺山的『天臺八景』，杭州的『西湖十景』，江蘇『雲臺山三十六景』，山東『泰山八景』，安徽『九華山十景』，雲南『雞足山十八景』，北岳『恒山十八景』，北京『潭柘十景』等，皆為佛教勝地總體環境創造上的因借對象。佛教建築除了精於對自然景觀的因借之外，還在於對富於佛教含義的人文景觀的因借。這種雙層次的因借，實為佛教建築藝術的創造。山泉井池、奇巖異石本是大自然的瑰麗景觀，佛教信徒往往賦以佛家的名稱，或形似，或神似，再加上生動的故事傳説，遂擇地興建寺庵禪院，自然景觀與人文景觀兼而借之。

普陀山的幾寶嶺上，玉堂街東側石崖上，有一座仙井庵。此處南為百步金沙，北為千步金沙，東臨滄海碧波，風景絶佳，庵院選址確是精妙。但這座仙井庵卻另有一番來歷。庵院内有一口石井，深丈許，井下泉水涓涓不竭，清醇甘美。相傳戰國時葛玄曾在此煉丹；又，東晉時葛洪、秦代安期生、漢代梅子真也曾煉丹於此，取用井水。民間皆冠以仙翁之稱，仙人井因此得名。這是一種歷史傳説。還有一説，是佛教故事。相傳古時幾寶嶺上住著一位勤勞善良的老農，農舍旁有一小水潭是他難得的水源。一日，見一位爛腳和尚前來討水喝。老農取出白瓷碗給他。和尚卻用來舀水洗爛腳，遍地臟臭污水。洗畢，敷上干草藥，拂袖而去。老人正詫異，忽見碗中生出白蓮花，乾枯草藥重新抽芽，和尚爛腳也痊愈了。老人心知這是仙人下凡，遂稱水潭作『仙人井』。後人修築的庵院便稱作仙井庵了。這種借人文景觀修築庵院的實例在普陀山比比皆是，例如觀音古洞的觀音洞庵、靈祐洞的梅福庵、梵音洞的梵音洞庵、説法臺的靈石庵等等。有許多山林勝景，被賦之佛教寓意的名稱或隱喻了某個佛教故事，成為佛山形勝，近旁也許並沒有建造與之直接關聯的佛教建築。從整個佛教勝地總體規劃來看， 這種大手筆的因借對於總體環境意境的創造，作用是顯而易見的。例如，普陀山西南海岸的二龜聽法石，本是一組天然形成的形體奇特的巖石：沿石崖峭壁上有二三米長的兩塊怪石，酷似攀壁而上的海龜，一蹲伏巖頂回首觀望，一沿石直上，昂首延頸，二龜形態生動，宛若呼應，惟妙惟肖。據佛教傳説，這是東海、西海兩龜丞相聽了觀音説法，不肯回海，經觀音點化而成的。崖上有盤陀石和説法臺，相傳為觀音大士説法處，有『大士説法處』題刻。東南海岸有石磯高五十餘米，深入海中，頂平緩，多林木，名『觀音跳』，或作觀音眺。相傳觀音在此反觀自身；也有作觀音於此眺望大海之意，更有傳説為觀音從洛伽山跳至普陀山開闢道場，並留有腳印於石上。普陀以佛教寓意命名的山巖還有正趣峰、梵山、靈鷲峰、達摩峰、菩薩頂、圓通巖、文殊巖、佛手巖、五十三參石、點頭石、一葉扁舟石、心字石等；洞泉池水有梵音洞、法華洞、古佛洞、洛伽洞、龍女洞、龍潭、龜潭、海印池、光明池、蓮花洋等。

峨眉山入山不遠處，有伏虎寺，借寺後山形似虎蹲伏而取名。依佛徒之説，因此處過去多虎患，宋代僧人士性建尊勝幢壓之，虎患始息；後有行僧名心庵者建伏虎寺。借山石自然形態寓意並建寺，使信徒在遊峨眉崇山峻嶺之始，便有一種安全感和神秘感，産生對佛陀的崇拜。前有溪流，溪上有橋，便以瑜伽河、解脱橋命名，山坡也稱解脱坡，所建庵院便是解脱庵了。山上有一石，形如船，名普賢船，因峨眉本是普賢道場，見此神船自然引起遐想。

九華山為地藏菩薩道場，有新羅國王子金喬覺為地藏化身來九華山修煉成道的傳説，這便成為一條潛在的宗教文化脈絡貫穿於佛教勝地的發展之中。九華街南神光嶺上的肉身寶殿，因供養了地藏肉身而神奇無比，神光嶺也因此著名，使這座位於山中腹地的小山重要起來，真可謂『山不在高，有仙則靈』。在九華群山的中部平坦地帶建造寺廟群聚的佛教中心時，肉身寶殿的地位至關重要，這裏既非雄峻山巔，也非宏寺巨刹，卻因借『地藏菩薩』的佛教地位使寶殿成為人們心目中仰慕的處所。由九華街向各路展開，佛教形勝殊多。例如九華街至小天臺，一路上的烏龜石、摩空嶺、飛來石、伏虎洞、龍虎泉、棋盤石、『雲舫』石、金仙洞、龍女泉等，皆有佛教故事。而一路上的佛教建築，如地藏殿、百歲宮、觀音閣、幽冥亭等，數量不多，體量不大，卻巧借了豐富的環境因素與生動的傳説，使這一條長達十華里的香道充滿濃鬱的佛教氣氛，成為九華山主香道之一。又如觀音峰廟後的『古拜經臺』，相傳為金地藏拜經處，尚留有『腳印』；寺後巖壁上有一石，形肖老鷹，名『大鵬聽經石』等。與普陀山的觀音跳、二龜聽法石頗為相似。

四　寺廟建築佈局形式

中國佛教建築是以中國傳統建築為基礎的，最初的佛寺來自於中國漢代的官署，這就決定了它的基本佈局形式。但佛教畢竟來自印度，在大約兩千年的歷史長河中，佛教經歷了一個中國化的過程。如同中國佛教文化的發展歷程一樣，中國佛教建築作為佛教文化的一部份，也經歷了吸取融合的過程，並終於發展了中國佛教建築體系。

古代印度的佛寺，皆以塔為中心，塔的周圍羅列禪堂、靜室、僧房、齋堂等。因此，我國早期佛寺的建造，也以塔為中心，塔後建佛殿，突出塔的中心地位。早在公元六七年，天竺（印度）僧人迦葉摩騰等來到中國東漢時的首都洛陽，朝廷把一個用來接待賓客的官署鴻臚寺作為他們的居所。隨後又加以擴建改建，並且以為他們馱著經卷來中國的白馬命名，叫做『白馬寺』。『寺』本是漢朝一種官署的名稱，從此以后便成為中國佛教寺院的專稱了。此時的寺內自然是沒有佛塔的。但是不久以後，到了東漢永平十八年（公元七五年），即在白馬寺中軸線上加建了佛塔，成為中國佛寺最早的佈局形式，白馬寺塔成為中國建造最早的佛塔。經過這樣的改造，就與印度佛寺形式大致相同了。北魏《洛陽伽藍記》中記述的當時洛陽最大寺廟永寧寺，佈局形式為：中軸對稱，前有山門，門內建塔，塔後建佛殿。塔與佛殿並重。永寧寺正是這個時期佛寺建築佈局的典型。魏晉南北朝時期，在社會上層的貴族官吏和富有人家，捨宅為寺之風盛行，將他們的住宅府邸施捨給他們所信仰的佛教。這些原先是住宅府邸的建築群，其中心位置的廳堂尺度寬大，空間宏暢，用以供奉佛像十分得體，又有足夠地方供信徒誦經叩拜。因此，殿堂較之於佛塔，更適宜於宗教活動。

印度佛寺之以塔為中心，或與極端的虛空審美觀念有關。印度的原始佛教迴避佛的形象，因為任何形象都無法表現偉大而永恆的佛。與其為人們提供一個不真實的崇拜對象，不如留下一個無限的空間讓他們去冥想。於是用來藏舍利（佛的遺骨）的塔成了信徒崇拜的對象。因為塔的形體本身象徵了佛陀，膜拜佛塔即膜拜佛陀，所以印度塔是實心的。後來的大乘佛教則重視造像藝術，主張教徒可以通過對佛像的瞻拜來體認自己的宗教信仰。佛教傳入中國時正當印度大乘佛教興盛期，大乘的審美意識也正符合中國傳統的認知習慣和情感需求，於是佛教造像藝術在中國便大大發展了。由於對大小諸多佛像的塑造和供養之所需，殿堂建築的地位大為提高，自然就衝淡了塔的作用。當中國的佛塔建築形式出現以後，大多為空心，內供佛像，並可以登臨。但無論如何，塔的室內空間是極其有限的，佛事活動不可能在塔內進行。塔的位置後來便由寺中心變為建造在山門以外或寺後山上，或在寺旁另建塔院。大約在公元五世紀之後，以佛殿為主體的佛寺佈局基本定型，一直沿用下來。

從自然地理條件看，中國古代文明中心在中原一帶，氣候條件與印度大不相同，在一年之中寒冷季節相當長，僧人和信徒的活動必須有一個足夠的室內空間和院落空間，於是殿堂與院落的作用就變得極為重要。

總的説來，中國佛教寺廟的佈局，基本上是採用了傳統的世俗建築佈局方法，即以殿堂為主體的院落式佈局方法。但由於佛寺所處位置的不同，自然條件的不同、規模大小的不同、歷史背景的不同，又有不同的特點。中國南方地區的寺廟建築，大致有以下幾種佈局形式和手法。

（一）官署式佛寺　中國傳統世俗建築以院落式佈局為基本方法。凡屬比較重要的建築群，其總體佈局和主要屋宇的建造又都強調中軸對稱，以此顯示建築物的莊重和使用者的尊貴地位。中國佛教寺廟最初脱胎於官署這種世俗建築，官署建築群的中軸對稱佈局形式對於表達神聖的佛寺在人們心中的崇高地位是十分相宜的。即使最初受到印度佛寺以塔為中心的影響，那仍然是一種中軸對稱的佈局。從南北朝到唐朝，當塔的主導地位漸漸被佛殿代替，加之捨宅為寺之風盛行，『以前廳為佛殿，以後堂為講室』，很符合佛寺的使用功能，致使中軸對稱的官署建築佈局形式幾乎無甚改動地用於佛寺建築群的建造。

從唐宋至明清，中國佛教的發展又經歷了千餘年的歷程，有不少變化，出現過不少派別，然而對佛寺建築似乎影響不大。以明清佛寺典型佈局與唐宋或更早的佛寺相比較，早期的院落似更趨封閉，後來建造的佛寺則更強調軸線，更有利於突出中軸線上的主體建築，主體建築已不止一座，可沿中軸線有序排列，兩側配殿、廂房連續成行。

這種中軸對稱的院落式佈局方法，一般地説，從山門起，在一條貫穿建築群的主軸線上，每隔一定距離佈置一座殿堂，殿堂兩側佈置廊廡或次要殿堂、樓閣，形成四合院，這種院落沿中軸線層層遞進，殿堂一座比一座雄大莊嚴，所形成的環境氣氛也是逐漸加深層次的。因此，中軸對稱的佈局方法十分有利於大小諸多佛殿的有序分佈，使之主次分明，一些相對次要的建築和附屬建築也極容易安排一個適當位置。大型寺廟建築由於禮佛、講經、藏經、僧人飲食起居、管理等各種功能的需要，使房屋數量繁多。寺廟建築群的中軸線相應延長，層層遞進的院落有更強的連續性，並在左右形成旁院。

中軸線上的主要建築一般有山門、佛殿、法堂、藏經樓等。山門可能有兩道，即外山門和二山門；佛殿一般不止一座，可能有天王殿、彌勒殿、圓通殿、大雄寶殿等；法堂往往建成樓房，樓下是講經的講堂，樓上是藏經樓，也有在法堂之後另建藏經樓的。左右旁院主要是僧衆生活及寺廟事務用房。例如，廚房、齋堂、管理日常事務財務及生活用品的部門、儲藏保管用房組成一個旁院，統稱『庫房』。有的寺廟還有以匠作寮為主形成的院落，是維修工匠住宿及勞作場所。僧舍往往有數座，其中，除了方丈的住所單獨建造並可能位於中軸線後部，其餘僧房均在兩廂或在旁院。

大型佛寺里，沿縱向延伸的院落系列正是適應於佛教活動的需要。例如，大殿以前為大祀部份，即寺廟的主要佛事活動區，人流集中，院落寬闊；大殿以後至藏經樓，為僧人講經誦經及一般佛事活動區；藏經樓之後為寺的內部使用區，是方丈、住持和管理機構所在。旁院的形成不僅解決了大量附屬用房的佈局問題，而且使整個寺廟具有明確的功能分區。

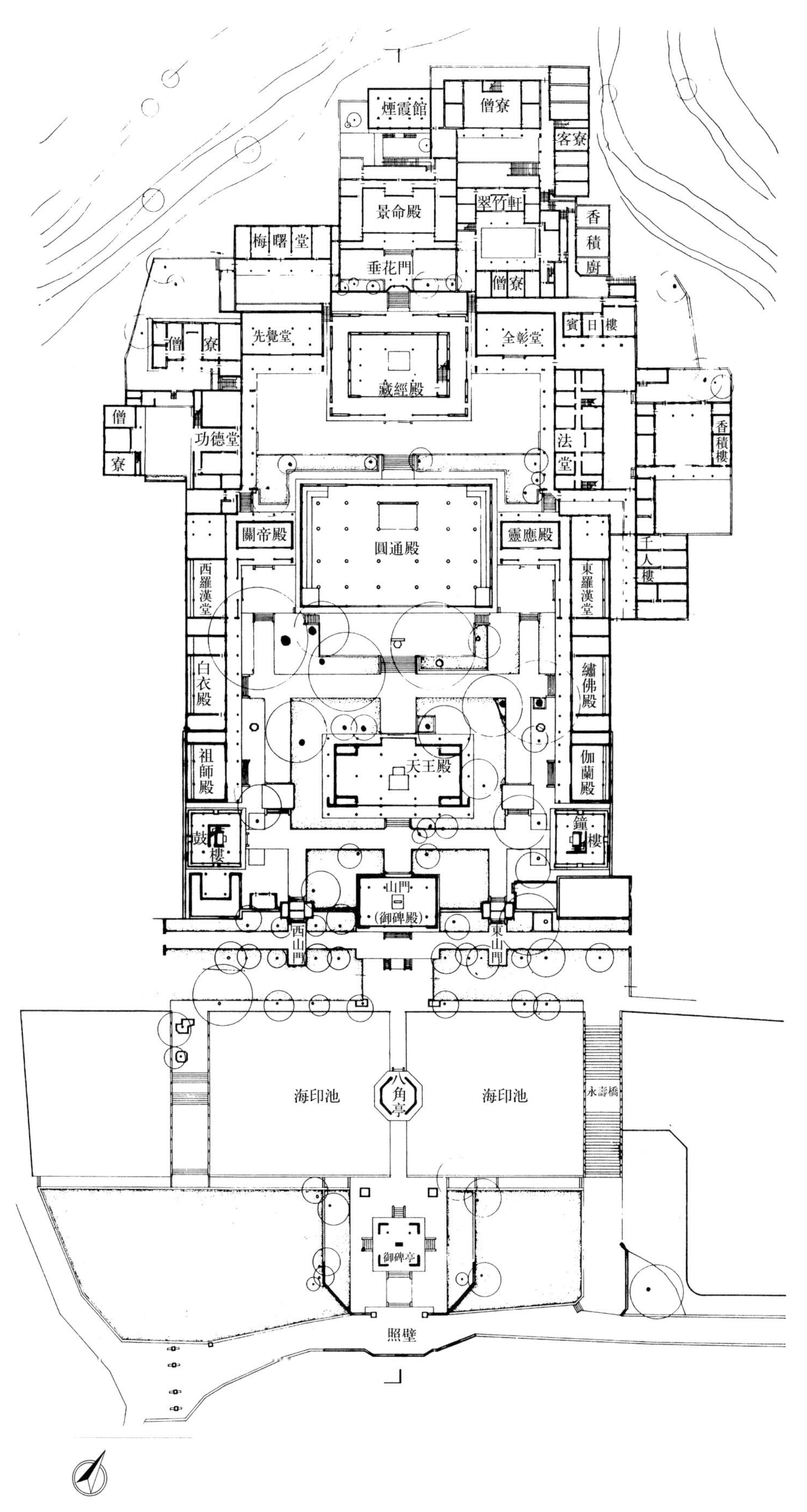

圖九　普陀山普濟寺平面圖

普陀山的普濟、法雨二寺是明清江南佛寺的典型實例（圖九、圖一〇）。

普濟寺現有建築總面積一・〇四万平方米，佔地面積從山門以內計有二・六公頃。法雨寺規模與普濟寺相倣，在江南現存的大寺中都是屈指可數的。普濟寺是普陀山最早供奉觀音菩薩的主刹，始建年代至遲在北宋年間。後屢經興廢，現存之規模大致為清初康、雍兩朝所奠定。平面佈局基本繼承了明代規制，主要殿宇尚存清初遺風。

普濟寺在靈鷲峰南麓平坦地帶，坐北朝南，南端直至梵山山脚。中軸線從南端御碑亭前的照壁起，北端至方丈殿后的膳房，全長二五四米。中軸線上的主要院落寬度為八十七米，加上東西兩側的旁院偏房，最寬處達一二九米。寺的主要殿堂從山門起，向北依次為

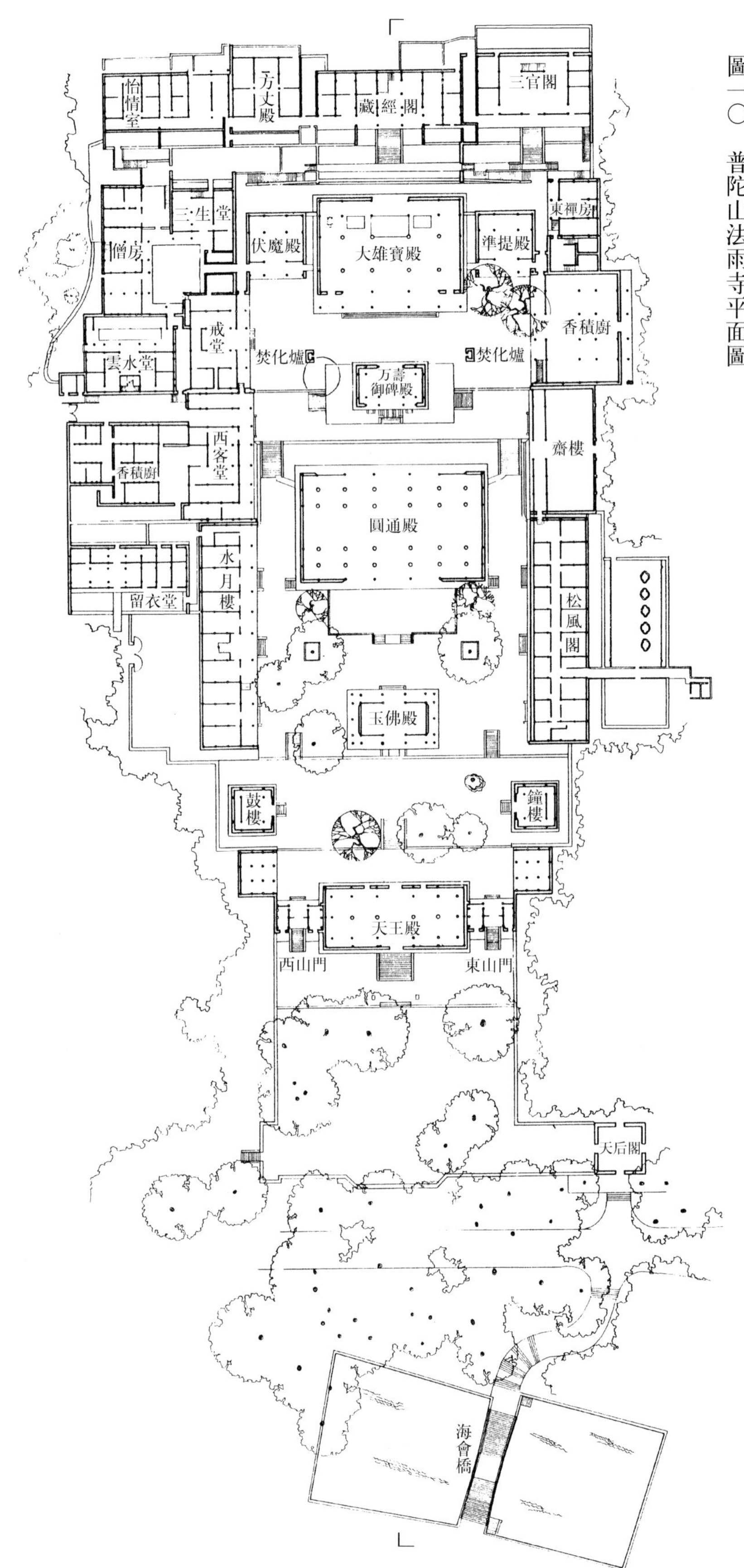

圖一〇　普陀山法雨寺平面圖

天王殿、圓通殿、藏經樓、方丈殿。這些殿宇分別和兩旁配殿廂房組成四個規整院落，順地勢層層緩昇，錯落有致。山門外隔以橫道，前面有海印池（放生池），池面開闊，東西七十六米，南北三十二米。池中央建一座八角亭，池東有明代石拱橋，名永壽橋，南北橫跨池中，是昔日入寺的通道。八角亭南有雍正御碑亭。御碑亭的南、東兩方都有照壁維護，南壁書『南無觀世音菩薩』，東壁書『觀自在菩薩』。除主體建築所組成的院落外，還有幾個旁院，位於東西兩側，內設庫房、僧房、客舍等。普濟寺的入口原先不在中軸線前方的位置，而在如今山門的東側。古時從短姑道頭登上海島的香客沿妙莊嚴路而來，越過正趣峰，出路隘折向東行，迎面一座石牌坊，四柱三間，狀若櫺星門。過石牌坊有『文武官員軍民人等到此下馬』碑，相傳是欽命『文官下轎、武官下馬』之處。繼續東行，迎面為『觀自在菩薩』照壁，折北過海印池上永壽橋，抵達寺的東南角，此處即為寺的入口山門。

山林地區興建寺廟不同於平原城鎮。雖然也強調中軸線，尤其在山門以內，以中軸對稱的方法構成嚴整的佈局，突出佛教的主題，但山門以外的前導部份並不一定遵循這樣的格局。由於環境因素的制約，地形地勢起伏變幻，寺的前導部份往往順應自然環境，方式靈活，成為山林佛寺佈局的一種特色。例如杭州靈隱寺以九里松為入寺前導；寧波報國寺必須從山下攀上陡峭石級，迂迴曲折；蘇州虎丘雲巖寺、鎮江定慧寺等，山門皆遠離中軸線，頗為常見。這種佈局是結合環境所形成的。不過，普濟寺原山門位於東側的佈局，卻並非地形所迫。從風水上說，山門向東，取『紫氣東來』之祥瑞，應佛經中觀音菩薩『慈航普渡』之說，似更為妥貼的解釋。法雨寺山門也在寺的東南角，用意與普濟寺相似。

以中軸對稱的官署式為佈局特徵的寺廟，還有更為典型的實例。四川省平武縣報恩寺的建築佈局幾乎與皇宮相似，並有當初為何建造該寺的傳說，引起當今建築界的研討（圖一一）。

寺始建於明英宗正統五年（公元一四四〇年）。寺址在縣城東北的山腳下，背依群

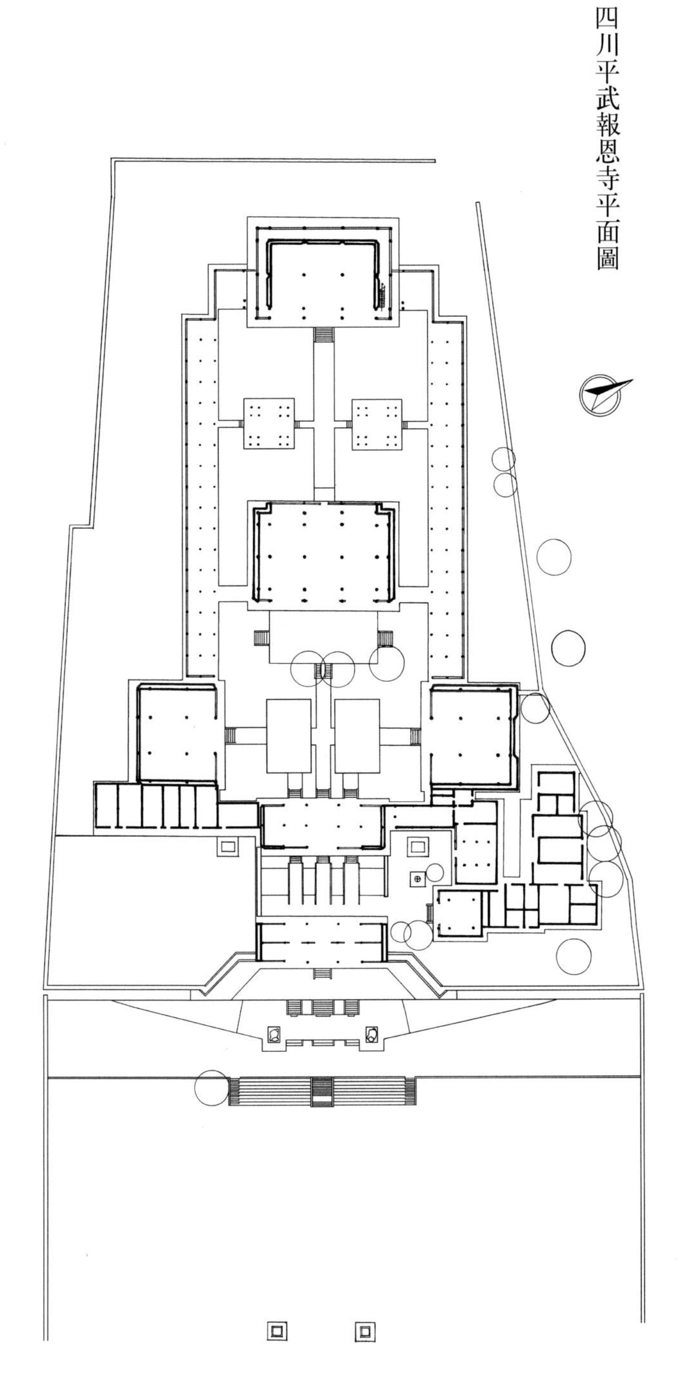

圖一一　四川平武報恩寺平面圖

山，面臨涪江，坐西朝東。中軸線東端為山門，五開間單檐懸山式。山門兩側分列琉璃八字牆，牆面裝飾華麗。門前石階數層，兩側各一尊高大的石狻猊，左右對峙，昂首蹲立。進入山門，為並列的三座單孔石拱橋。院落正殿是天王殿，左有鼓樓一座，右側沒有鐘樓。這是第一進院落，比較狹小。第二進院落十分開闊深遠，正殿為大雄寶殿，左右配殿分別為大悲殿、華嚴藏，皆為歇山重檐式。第三進院落主體建築萬佛閣，歇山三重檐，五間。院之兩側以三十四間迴廊環繞。大雄寶殿是全寺的主體建築，在總平面佈局上處於顯要地位。該殿面闊五間計三十米，進深四間，重檐歇山，上覆黑綠二色琉璃瓦剪邊，建造在一·六米高的須彌座上，前有寬闊月臺，週繞青石欄杆。殿內除供奉三世佛外，還設有『九龍天子牌位』，意在『祝延聖壽』。從報恩寺的佈局、主次建築的安排、院落空間的寬狹比例來看，有明顯的皇宮痕跡。傳説明朝正統年間（公元一四三六 至一四四九年），龍州（今平武縣）宣撫司土官僉事王璽建造王府，招聘京城修建皇宮的工匠倣紫禁城形制大興土木。皇上招王璽進京問罪，並派欽差大臣調查。王氏夫人接到王璽密信，急忙令工匠改府第為寺廟。當欽差大臣到達時，祇見『報恩寺』金匾高懸，佛像莊嚴，法器俱備，並設有『當今皇帝萬萬歲』的九龍牌位，嘆曰：『此非王府，實屬廟也。』這一段傳説引起人們對這一組建築最初建造目的是廟宇還是王宮的思考。建築學者進行了實地考察，寺的山門九開間， 兩側琉璃八字牆，門前一對石幢似華表，門內有金水橋，前院較窄，正院特大，主殿立於漢白玉須彌座上，氣勢顯赫。建築材料係一色珍貴楠木，彩繪雕刻多用龍的形象，加之大雄寶殿內有『當今皇帝萬萬歲』九龍牌位，顯然是一座王宮。也有一種觀點，從寺內各種殿堂設置、佛像設置看，具有強烈的宗教氣氛，認為這本是一座廟宇，是『明初罕見之寺院遺構』。無論如何，現存寺院建築格局酷似王宮，是沒有疑義的。由此可見中國式寺廟建築與達官富人的府第，乃至皇帝的紫禁城等世俗建築的淵源關係。

（二）民居式佛寺　中小型佛教建築，稱之庵堂禪林茅蓬者，由於規模有限，建築物數量不多，佔地不廣，在總體佈局形式上，與上述大型佛寺有明顯的不同。這類佛教建築與民居十分相像，基本組成一般有一個主殿，左右配殿、僧房、山門及生活用附屬房舍。在平坦地帶，佈局方式常為標準的封閉式四合院，院中房屋的佈局，以坐北朝南為尊為上，主殿取坐北朝南位置，左右兩廂作為供奉佛像的配殿，為平房，或為樓房。山門位置取南向或東西向均有，如同民居四合院的入口方向不定一樣。稍大一些的庵院可以兩院並列，或一個主院、一個乃至幾個旁院。旁院若是內部使用的附屬用房，形式往往比較靈活，按地形的可能性安排建築物。在建造順序上，也是主院在先，旁院在後，或若干年以後根據需要向外擴建的，但佈局巧妙，如同自然衍生而成。這種衍生式佈局在江南民居中是常見的傳統手法，在自然形成的村鎮聚落佈局上，衍生性便是其主要的形態特徵。

民居式庵院建築的入口山門一般不用殿的形式，常常用民居似的門樓或做磚雕牌科門樓、側出八字牆等較考究的形式。在入口空間的處理上，繁簡程度相差很大。最常見的一種豐富入口空間的手法是設置一條迂迴曲折的甬道，即進入山門之後，通過一條或長或短的狹窄過道，兩側護以牆垣，過道盡端是二山門，進入二山門纔是正院。這種以空間抑揚對比渲染環境氣氛的傳統方法雖然在民居宅院中並不多見，卻與江南私家園林很是相似。

普陀山大乘庵地處象王峰東麓，面臨千步沙，地勢開闊平坦。庵堂建築群佈局採用兩個規整四合院前後疊套的形式，以南北中軸線為基準，嚴格對稱。正院十五米見方，正殿是圓通殿，三間，單檐硬山式，青瓦屋面。圓通殿左右廂房為重檐二層樓，青瓦硬山，副階前廊，左廂為齋堂，右廂為僧房。圓通殿後的院落，中軸線上為萬佛閣，青瓦硬山二層樓房，樓下供臥佛，樓上是藏經閣。大乘庵一帶有大片平地，環境開敞舒展，庵前是主香道玉堂街，建築群軸線垂直於香道，庵門若取民居入口的形式，則可直接進入，但是大乘庵的入口卻採取了完全不同的處理方式。庵門設在西南角，自玉堂街西側青石板小路前行百餘米可達，路寬僅二米餘。庵門西向。入庵門，有曲尺形巷弄由西向東延伸。巷兩側磚牆二米多高，長達七十餘米，盡端轉北進入二山門，即達主院。兩道山門以及曲折巷弄的方向轉換，造成了庵院的深邃感，使人想起明代造園名著《園冶》中『景貴乎深，不曲不深』的說法。大乘庵地處路邊，由入口空間處理所成功塑造的深邃感正符合佛教建築靜謐環境的需要。在建築空間上，巷弄與主院大小對比，用『先抑后揚』的手法使規模有限的庵院產生了莊嚴宏敞之感（圖一二）。

沿中軸線佈置院落的典型實例還有息耒禪院。院址在普濟寺西，基地是縱長的微坡山地，前後有三進院落。山門在中軸線上。入山門即第一進院落，前殿五間，青瓦單檐硬山頂。第二進院落之主殿也是五間，重檐硬山黃琉璃瓦。院之兩側無廂房。後院與前兩進迥異，地坪也陡然昇高，前後用圍牆隔開。後院是一組獨立的建築，有單獨的院門，採用典型的江南民居四合院形式。建築為重樓，出腰檐，南北各五間，進深較大，東西兩廂亦為樓房，進深較淺。庭院不大，種植名貴花木。息耒禪院原是普陀高僧通旭潮音禪師年邁謝事寄息之所，如此佈局便是有道理的了（圖一三）。

觀音洞庵位於普陀海島西南山腰，這是一個與山地民居極相像的巧妙結合地形的佳例。

圖一二　普陀山大乘庵平面圖

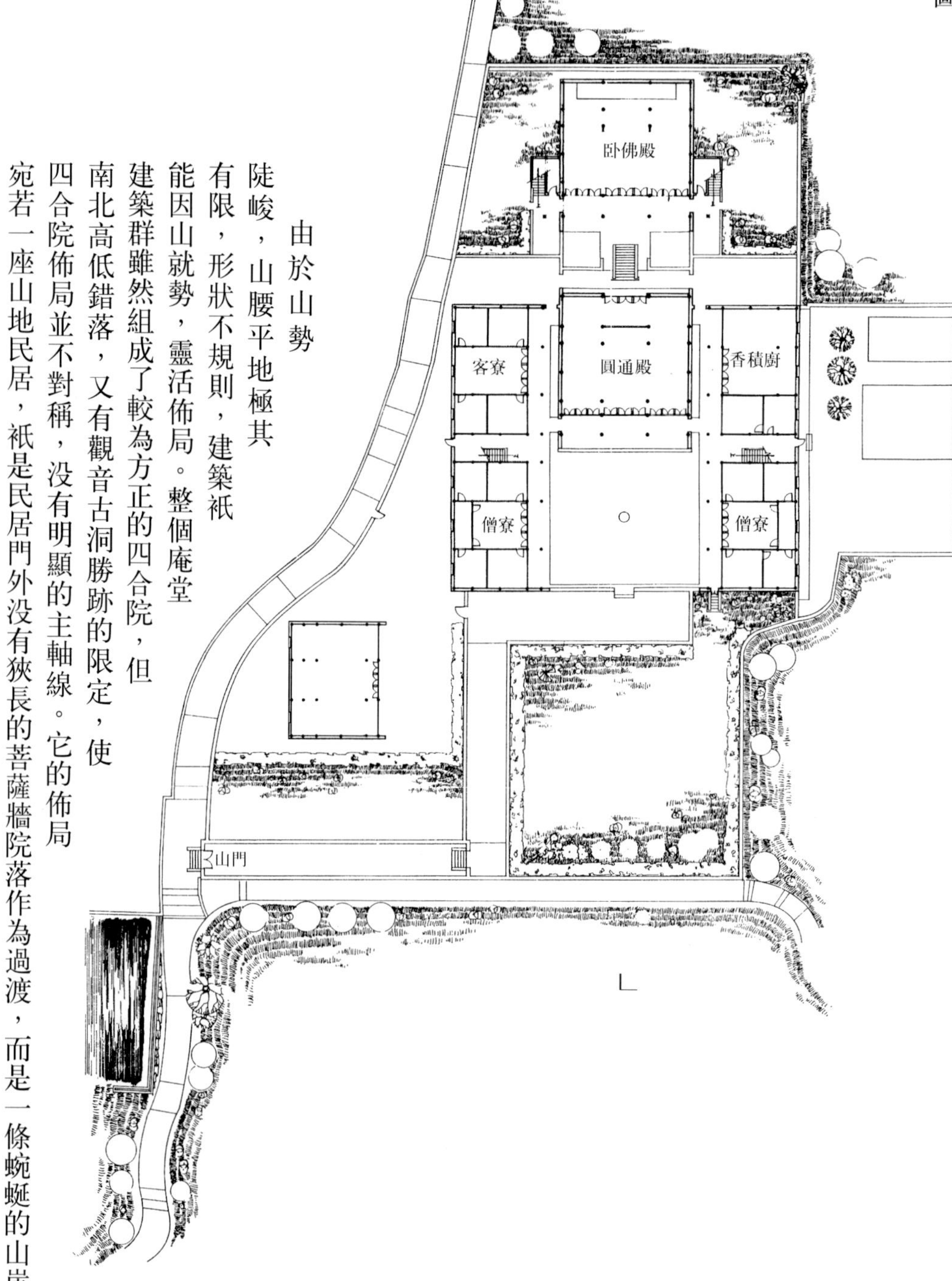

由於山勢陡峻，山腰平地極其有限，形狀不規則，建築祇能因山就勢，靈活佈局。整個庵堂建築群雖然組成了較為方正的四合院，但南北高低錯落，又有觀音古洞勝跡的限定，使四合院佈局並不對稱，没有明顯的主軸線。它的佈局宛若一座山地民居，祇是民居門外没有狹長的菩薩牆院落作為過渡，而是一條蜿蜒的山崖石逕，異曲同工，都是如詩如畫的。

（三）寺廟園林　佛教園林是中國園林的重要組成部份，它與皇家園林、私家園林共同組成了獨具特色的中國園林體系。佛教園林與皇家園林和私家園林既有相同之處，也有其自身的特點。皇家園林往往地域寬廣，是經過人工改造的自然風景區；私家園林以江南的蘇州園林最為典型，成就也最突出，它與私家住宅相毗鄰，規模狹小得多，大者可有數

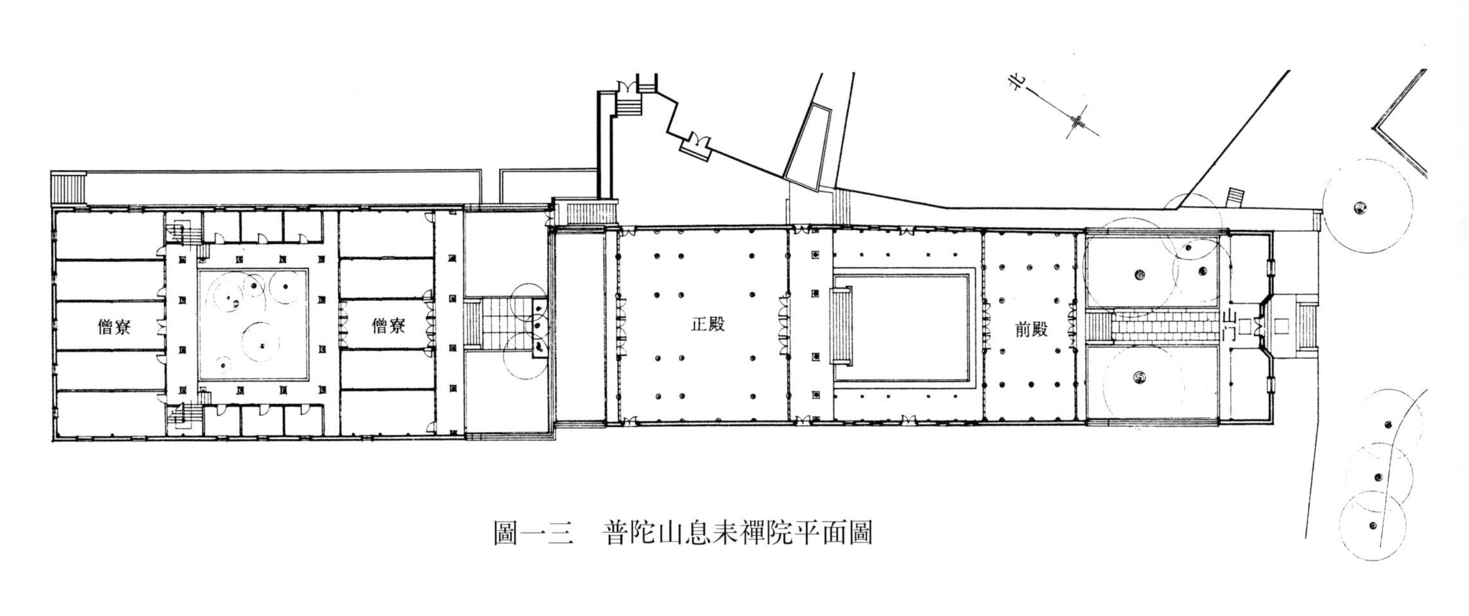

圖一三　普陀山息耒禪院平面圖

十畝，小者不足一畝。佛教園林也是如此。就大範圍而言，佛教園林可指整個佛教勝地、整座佛教名山，從一座寺廟而言，則指建築庭院及其周圍的地域。

佛教勝地大多地處風景絕佳的名山大岳，那裏清幽恬靜的自然環境是創建佛教『淨土』的背景條件。歷代精心選址巧擇地形建造起來的寺廟建築群與自然環境融為一體，成為優美山林的不可分割的組成部份。在這裏，除了佛寺之外，還包括了山巒林木、奇巖異石、井泉溪流等自然景觀，摩崖造像、題刻碑碣、經幢佛塔等名勝古跡，以及佛教傳説、民間故事、詩賦形勝等人文景觀，諸多因素有機結合，共同構成了氣氛濃鬱的佛教勝地。這便是一種地域廣大的佛教自然園林，其環境意境和構成特徵如前所述。

早在南北朝『捨宅為寺』之風盛行時期，南方貴族官僚的宅第還盛行建造山水風景園之風，於宅第後院或旁院穿池築山，疏建亭臺樓閣，種植珍木秀竹，園林佈置任傾自然。隨著捨宅為寺之舉，這種園林作為宅第的一部份，也歸屬佛寺，園林佈置方法也隨之移植到佛寺中去了。從北魏到唐（公元五世紀到十世紀）這五百年間，佛寺的佈局不僅採取庭院式的官署格局，而且建造地點大多數在人口集中的城市、城鎮裏。其原因一方面是改建為寺廟的宅第一般都在城裏，這無疑影響了人們對於佛寺佈局的概念，使中國佛寺建於城裏成為順理成章的事；另一方面則因為在交通不便的古代，佛寺建於人口集中的城裏更有利於人們朝拜而香火旺盛，對於佛教的發展是大有好處的。唐朝詩人杜牧有『南朝四百八十寺』的名句，描述了南朝首都建康的狀況；北朝的首都洛陽也建造了一三〇〇個佛寺。在唐朝長安城裏的一一〇個坊中，每一個坊裏至少有一個以上的佛寺。

唐代是佛教的極盛時代，佛寺的興造重點已轉向自然風景區，出現了佛教『四大名山』和佛門『四絕』的盛況。四大名山如上所述，即峨眉、五臺、普陀、九華。佛門四絕則指：臺州（天臺）國清寺、齊州（長清）靈巖寺、潤州（鎮江）棲霞寺、荆州（江陵）玉泉寺。唐代後期開始，中國佛教玄學化，出現了以玄學為本質的禪宗南宗。宋、元、明時期更以禪宗最佔勢力，禪宗所屬的寺院風景區又有新的興修，如南京牛首山幽棲寺，杭州淨慈寺、韜光寺、雲棲寺，寧波保國寺，廬山歸宗寺、圓通寺，雁蕩山靈巖寺等。兩宋時代中國化的佛教進一步儒學化，佛教諸宗向禪宗融合。禪宗寺廟的伽藍七堂佈局，雖然是強調中軸對稱的極規整的形式，但是中國園林的方法卻被大量採用，例如院落內的綠化佈置，古樹修竹，亭廊小築，寺的前後左右的園林景觀，有的組成別院，有的則與周圍自然環境結合，作為一種人工環境與自然環境之間的過渡方式，擴展了寺廟的空間範圍。

南方的佛教寺廟，使用中國園林的傳統方法加深環境意境的成功實例殊多，又因環境

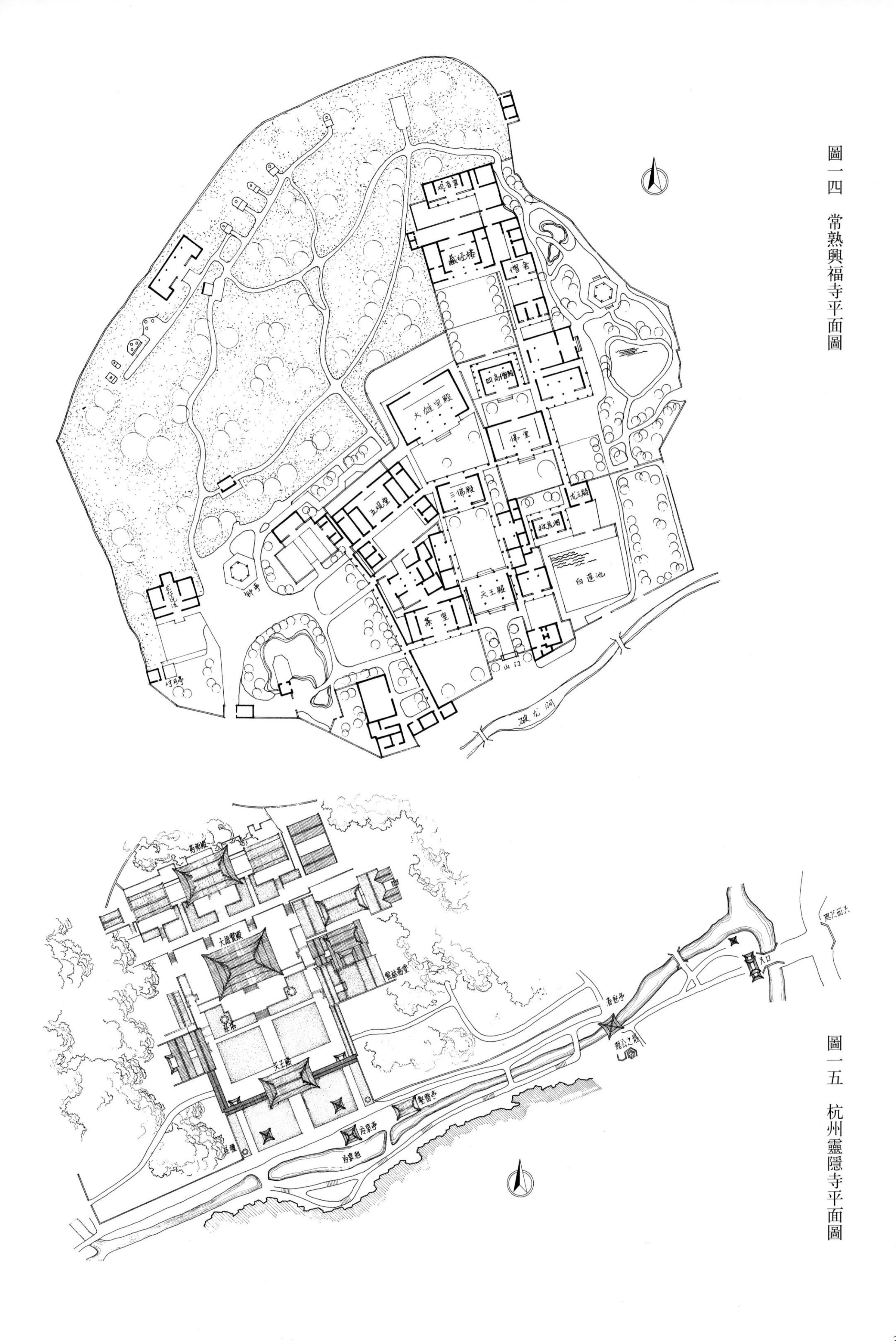

圖一四　常熟興福寺平面圖

圖一五　杭州靈隱寺平面圖

與歷史條件的不同各具特色。

蘇南常熟的興福寺是寺廟園林中與南方私家園林與宅第緊相毗鄰，宅第佈局多取中軸對稱，廳堂廂房主次分明。園林則佈局自由，模倣自然山水，在有限面積中精心佈置亭榭廊軒、花木山水，營造『咫尺山林』。宅第與園林僅有一牆之隔，卻迥然異趣。興福寺位於常熟古城北虞山麓，三面環山，松竹蒼翠。整個寺的佈局分中、東、西三部份。中部為佛殿建築群，中軸線上依次為山門、天王殿、三佛殿、大雄寶殿；東部軸線上有白蓮池（放生池）、救虎閣、佛堂、四高僧殿、藏經樓等；西部為園林區，其內建築多為晚近之物。從總體上看，該寺之佈局，古貌猶存。中部是佛寺的主體部份，面積並不寬廣，而院落方正，層層遞進，佛殿莊嚴。在功能上，這裏是舉行一切重大佛事的地方，也是信徒和僧人禮佛誦經的場所。東、西兩部份面積較大，僧舍在東，齋堂在西，是僧人修行生活的主要活動場所。東部建築較多，有若干封閉式院落組合起來，由南至北延伸進去，頗似民居。西部與園林無異，有鐘亭、對月亭、印心石屋、龍華説法處、水榭等景點小築，以及精心配置的林木花竹等。唐代詩人常建有詩：『清晨入古寺，初日照高林。曲逕通幽處，禪房花木深。山光悦鳥性，潭影空人心。萬籟此俱寂，惟聞鐘磬音。』形容這座寺廟園林幽深空寂的意境（圖一四）。

在中國南方地區，由於自然地理條件的不同，佛寺的建築與北方佛寺在佈局上和建築風格上有很大的差異。例如四川峨眉山許多著名的寺院，都建造在坡度相當陡峭的山坡上，山下的報國寺、半山的萬年寺、山頂的接引殿等都屬於這個類型。這裏氣候温和多雨，山上林木茂盛，寺廟建築以層層昇高的生動形象呈現出來。建築的材料多用木材做成板壁而少用厚重磚石牆，院落尺度也由於山地陡坡的限制而比較局促。但是，衹要走出山門，就是廣闊無邊的茂林，或是重疊起伏的山巒，或極目千里的遠景。這便是地域廣闊的南方自然園林面貌，為南方山林佛寺中所常見。北方佛寺建於山上的，多位於山中較平坦開闊處，顯得恢宏大度，尤其敕建的寺廟，佈局更趨規整嚴謹，園林化的成就則遠不如南方了。

除了名山大岳的佛教勝地以外，在江浙一帶，大部份佛寺則建在城鎮郊區的青山翠谷，例如棲霞寺、靈谷寺、興福寺、甘露寺、江天寺、保國寺、天童寺等。《園冶》中所謂『園地惟山林最勝，有高有凹，有曲有深，有峻而懸，有平而坦，自成天然之趣，不煩人事之工』，説的是山林中造園的好處。如若山林位於城郊，則更為理想，因為這裏『去城不數里，往來可以任意』。它們不是恢宏險峻的高山大岳，不靠山勢來增加佛寺的氣勢，而是藉山林風景環境來營造平淡靜謐的意境，選址也多在平廣開闊處。城鎮郊區的丘陵小山，由於風景秀美且距離人口集聚的城鎮較近，往往成為建造寺廟的理想之地。這種城鎮郊區的佛寺， 不論規模大小，多採用傳統的園林建造經驗與方法。

杭州靈隱寺在城郊靈隱山（又稱武林山）麓，距杭州古城十餘華里。山脈跨富春江，蜿蜒數百里，可謂千峰競秀，萬溪爭流。寺址選在此處，依佛教傳説，東晉年間，印度僧人慧理到此，見一小嶺，認定是從天竺國靈鷲峰飛來，即現在的飛來峰，就結廬而居，面山建寺。從規劃的角度看，此處的優越一是風景絕佳，二是離城遠近適中。

靈隱寺坐北朝南，寺前溪流清冽。從寺的外山門起，過合澗橋、迴龍橋，石逕沿溪上行，南側隔溪有蒼翠玉立的飛來峰，峰高二〇九米，峭壁上刻有五代到元代石雕佛像三三〇餘尊，現存最古的為南端青林洞右側崖巖上的彌陀、觀音、大勢至三尊佛像，係五代後周廣順元年（公元九五一年）的作品。最大的為彌勒化身像，係宋代作品。峰下有龍泓、玉乳、射旭等天然巖洞。這一帶山幽谷深，怪石崢嶸，雜樹芳草，波光山影，原本就是一處尺度適中的自然園林。寺廟建築為中軸對稱的四合院，大雄寶殿居中，院東側有廊廡綠化，佈局輕鬆自如。過靈隱寺折北沿石逕上山約三里，即為韜光古跡，古稱法安院、廣嚴庵。於半山陡坡有金蓮池、煉丹臺、丹崖石室等。煉丹臺上，可遠眺西湖、錢塘江。靈隱可謂典型的寺廟園林，這裏所採用的借景方法，包括了遠借與鄰借、仰借與俯借諸手法（圖一五）。

寧波天童寺是著名大型寺廟園林，位於距寧波市三十公里的太白山麓。寺廟建築群規模宏大，佔地八萬餘平方米，建築面積約一．四萬平方米。三面嶺巒環抱，正面密林虛掩，前景面對南山，朝霞晨曦時，雲樹映帶，黛岳翠嶺，此處是『天童十景』之一的『南山曉翠』，也是因借遠景的佳例。天童寺採取背山面水的佈局，背山若靠，面水明秀，皆可入畫。從太白山下進入天童寺，可以明顯地感受到寺廟園林的廣闊領域：人們首先看到的是小白嶺上五佛鎮蟒塔。由塔前行，路旁古木參天，翠蓋蔽空，綿延十餘里。穿過松逕竹林，跨過清關橋，眼界豁然開朗，天童寺呈現眼前。寺廟成為廣闊自然園林中的主題建築。寺前的外萬工池、七塔苑、內萬工池均在中軸線上，但四周開敞，與山林融合。寺內的佈局，與『前宅後園』的形式相似。從山門起，依次為天王殿、佛殿、法堂（上為藏經樓），呈中軸對稱格局。而法堂之後，則不強調中軸線，這裏的建築物有倒坐廳、大鑒堂、羅漢堂、先覺堂、碑廊等，皆佈局靈活，錯落有致，具明顯的園林特徵（圖一六）。

寧波阿育王寺在天童寺以北，地勢平坦開闊。寺的周圍諸多山林勝景，寺內建築僅中心部位比較規整，四周佈局靈活，與自然環境結合。與天童寺相比，其園林化程度更高。中軸線較短，僅有殿宇三重：天王殿、大雄寶殿、舍利殿。院中古木參天，翠蓋蔽空。寺前有開闊放生池，名『魚樂園』，周圍林木蔥鬱。寺的西側為更寬廣的荷花池和園林綠化，園旁建築如白雲竹院、西塔樓等，已不再遵循軸線方位，而是以園林景觀為主導因素了（圖一七）。

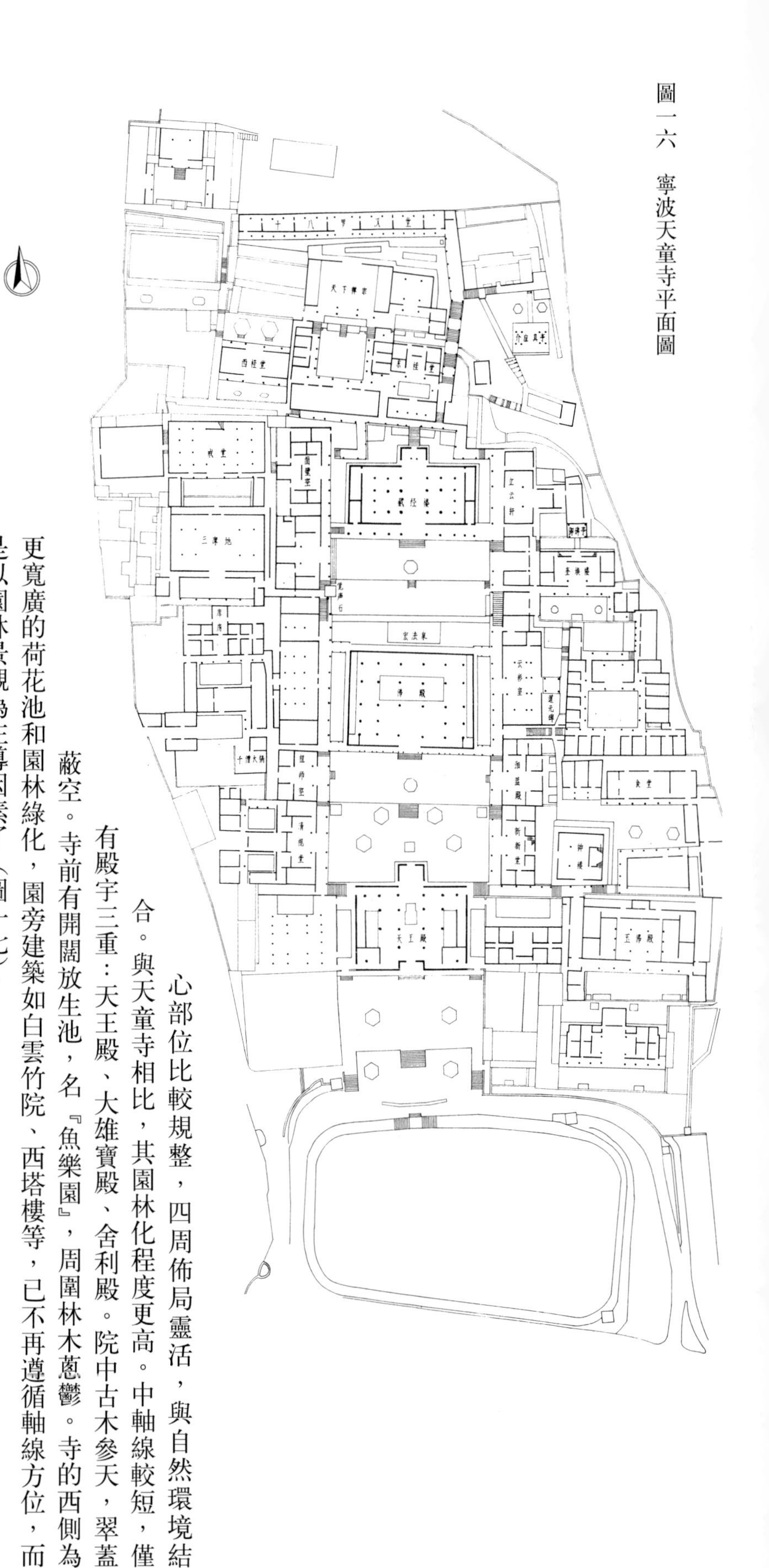

圖一六　寧波天童寺平面圖

佛寺內部庭院的園林化佈置是佛教園林成就的一個重要方面。世俗的居住建築，無論北國與江南，幾乎離不開庭院式格局。庭院不僅是採光、通風與交通空間所必需，也是室內空間的外化，它的用途是綜合性的。除了寒冷的冬季，庭院總是人們飲食起居、聊天會客的理想場所，在氣候溫暖的南方尤其如此。因此，面積稍寬敞的庭院，多有精心配置的花草竹木，不僅顯得清幽雅致，而且模倣自然，盆景似地、小中見大地展現自然之美。佛寺的庭院佈置也受世俗建築的影響，採用類似的手法，是其園林化特徵之一。

泉州開元寺的主庭院『拜庭』，在天王殿與大雄寶殿之間，面積二八〇〇平方米。沿著拜庭東西兩側各有一條長廊，一二〇根石柱整齊有序地從南到北排列。院中古木虬枝遮天蔽日，古塔林立，佛殿莊嚴。主庭院兩側各有塔院，塔院佈局儼然一幅園林景象（圖一八）。

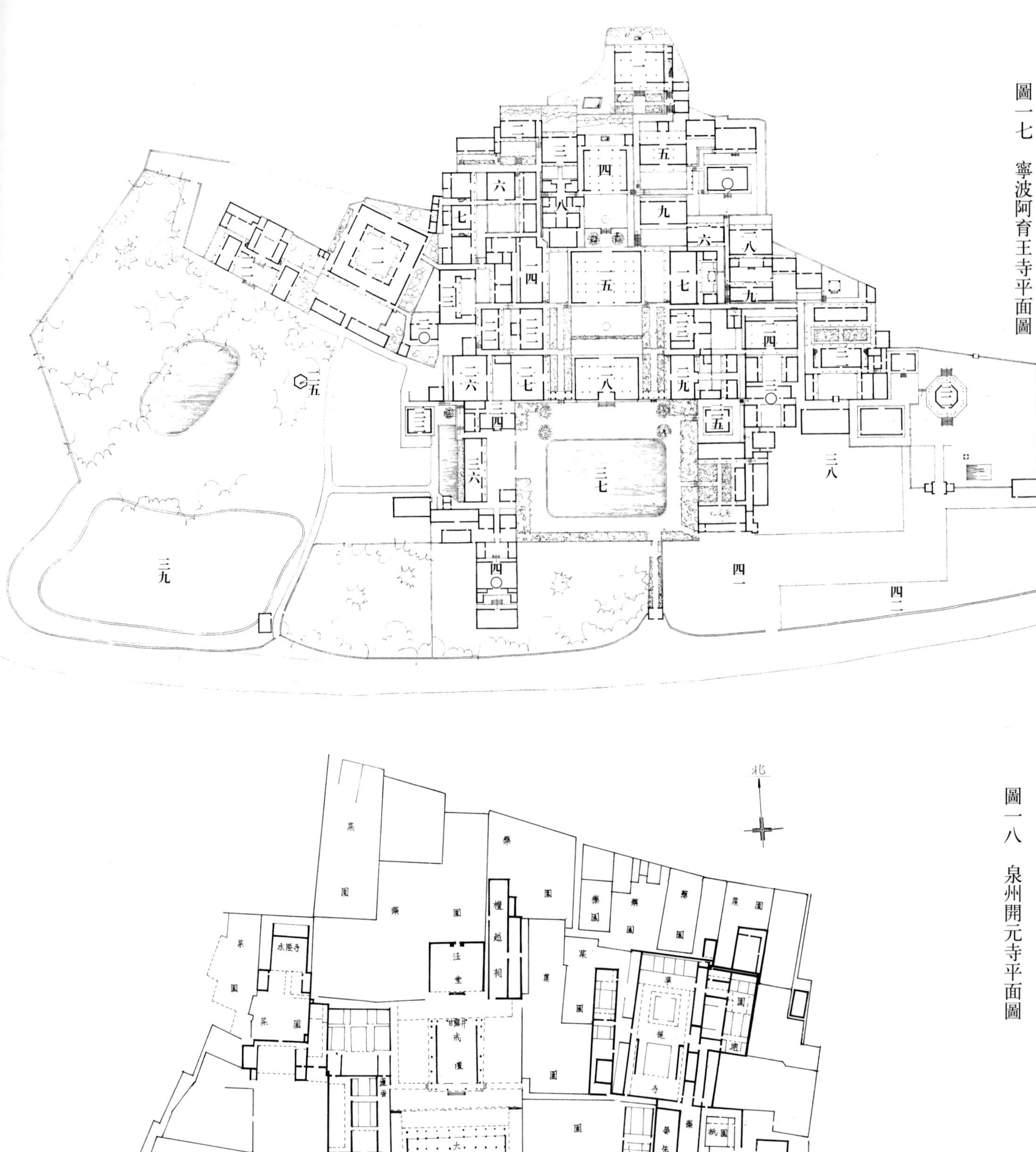

圖一七 寧波阿育王寺平面圖

圖一八 泉州開元寺平面圖

圖一七

一　法堂
二　宸奎閣
三　方丈
四　舍利殿
五　大悲閣
六　承恩堂
七　拾翠樓
八　庫房
九　先覺堂
一〇　開山堂
一一　西塔樓
一二　白雲竹院
一三　壁梧軒
一四　傳宗室
一五　大雄寶殿
一六　無名堂
一七　舍利殿
一八　淨土堂
一九　淨業堂
二〇　鄖峰草堂
二一　大廚房
二二　祖師殿
二三　客堂
二四　禪堂
二五　西塔
二六　雲水堂
二七　大壇
二八　天王殿
二九　念佛堂
三〇　土場
三一　養心堂
三二　東塔
三三　茶室
三四　環保處
三五　鐘樓
三六　綜合服務部
三七　魚樂園
三八　菜園
三九　荷花池
四〇　普同塔院
四一　停車場
四二　竹園

昆明市内螺峰山上的圓通寺，大殿前有寬廣水池，池水繚繞到螺峰山麓。池中建八角樓，有石橋相通。花光殿影，雲天水月，一一倒映池中，故大殿有『水榭神殿』之稱。昆明西山太華寺於大雄寶殿兩側設抄手走廊，連通寺内亭臺樓閣。廊外奇花異木，假山盆景。景中有景，畫外有畫，使廟宇充滿詩情畫意，園林趣味十分濃厚。

（四）傣式佛寺　傣式佛寺主要分佈在雲南，從西雙版納到德宏的滇南、滇西南一帶。西雙版納地區上座部佛教分兩個派別，一稱『擺壩』（山林習禪）派，此派分佈在山區，戒律精嚴，類似苦行僧。他們的寺廟簡小，多為單體建築。另一派稱『擺孫』（城鎮説教）派，分佈在廣大富裕的壩區，信徒佔當地居民百分之九十以上。他們的佛寺星羅棋佈，建築獨具風格，在佈局上與漢族地區的佛寺有明顯不同：一是選址不在遠離人群的深山密林，而在村寨内外，因此跟村民十分接近，更富於人情味；二是不按中軸對稱式格局，也不是四合院，而是隨地形變化，靈活分佈，沒有定式；三是建築群朝向為坐西面東。

傣式佛寺建築群大體由四個部份組成：佛殿，是佛寺主體建築，供奉釋迦牟尼佛；經堂，貯經印經的地方，一般建在佛殿右側或前面；僧舍，多建於殿後或左側；塔，建在佛殿的前後左右皆可。四個部份之間常有走廊相連。

傣式佛寺顯示強烈的等級性。因為過去傣族地區全民信教，政教合一，封建領主和佛教首領同為一個階級或等級的人。寺廟的規模格局與封建領主的行政級別相一致。滇南最高級別的佛寺建築群是西雙版納宣慰街的哇龍大寺。寺無圍牆，正中築佛殿，前有引廊連通寺門，後設佛塔，殿左建經堂，殿右側後方設僧房。佈點靈活，四通八達，佔地約五八〇〇平方米。

原為内宣慰屬下十二版納之一的橄欖壩蘇曼滿佛寺，佔地面積三八〇〇平方米，平面呈『日』形，即把經堂、塔全部排在佛殿右側，與漢地中軸對稱式佛寺完全不同。

勐海佛寺佈局則給人以毫無章法的印象。正中佛殿與西邊兩座僧舍聯成『T』字形，殿東並立雙塔。北面、東北面、東面，不等距環立藏經堂、經堂、寺門。平面呈『司』字形，人行其間，有自由自在的親切感。

勐遮曼壘佛寺又完全以山就勢佈局，寺門在山腳，但不正對佛殿。進門有八級引廊，屋頂重疊，層層遞昇直到山頂。山頂上，大小僧舍與佛殿呈『品』字形佈局，沒有經堂和塔，沒有中軸線，也不成庭院式。

傣式佛寺大多屬於自然式，與自然衍生式村落相似，各村寨皆不相同。

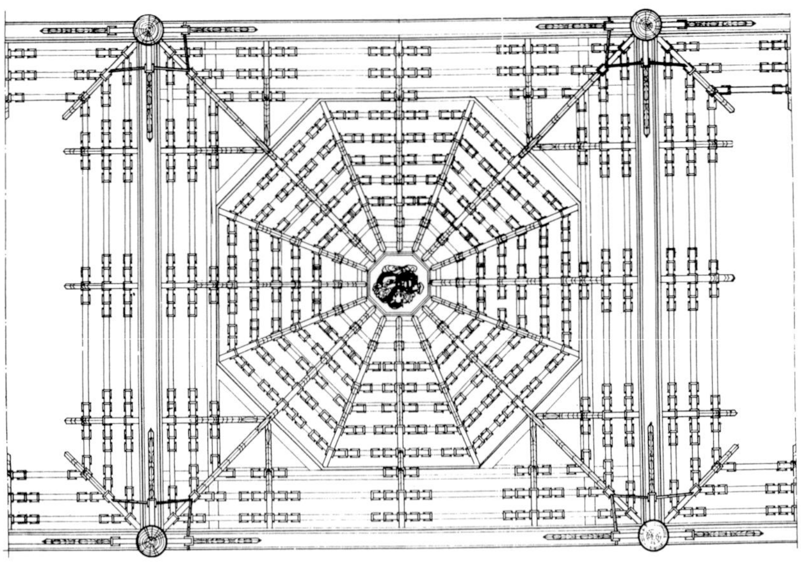

圖一九　普濟寺山門殿藻井平面圖

五　寺廟中的殿堂樓舍

寺廟中的殿堂樓舍，無論規模大小，皆以主殿為正，居中軸線上，左右以配殿或廂房陪襯，會聚於中庭主院，正中突出主殿的地位。這種突出主殿的格局早在漢代已經確立。中軸對稱的大型寺廟有層層遞進的一系列院落，在每個院落中，沿中軸線的殿宇皆是比較重要的，建築的等級也比較高。從山門起，經天王殿至大雄寶殿，等級依次遞昇，以大雄寶殿建築等級為最高，尺度規模也最大，再向後為法堂、藏經樓、方丈殿等，建築等級降低，規模也減小。

（一）山門　山門又稱三門。所謂三門，佛教象徵『三解脱門』，即空門、無相門、無作門。凡是佛教寺廟，几乎都建有山門，但山門的建築形式以其所處位置及歷史背景的不同而大有區別。

我國門制建築一般為分心斗底槽形式，設中柱置門。寺廟山門一般也遵循這一規制。平武報恩寺的山門位於中軸線的前端， 形式端莊肅穆，是報恩寺的正門。面闊五間二四·三米；進深兩間九·五米，以中柱為界，分隔成前後兩部份，即所謂分心斗底槽的平面形式。殿高八米餘，單檐懸山式屋頂。山門中央明間和次間各闢版門，外槽兩梢間供奉兩大金剛力士像：左為『密跡金剛』，右為『那羅廷金剛』，即哼、哈二將。內槽兩梢間供奉『三頭六臂』、『四頭八臂』明王神像各一尊。山門的左右築八字牆，牆體高大，下築須彌座，上覆綠琉璃瓦，檐下飾琉璃斗栱。山門前有六米高的石階，石階兩旁有一對威武如生的石狻猊。石階前是開闊廣場，佔地一·三萬餘平方米。廣場中央有一對高約七米的石經幢。

山門前面闢作開闊廣場，作為寺廟前的空間延伸，是常見的規劃方法。無論山林佛寺還是城鎮佛寺，祇要地形適當，都採用此法。普陀山普濟寺山門殿前有寬闊的海印池，東西闊七十六米，南北三十二米，寺的中軸線從山門殿向前延伸達一〇三米，沿中軸線佈置八角亭、雍正御碑亭、菩薩牆。由於寺前建築及廣闊水面空間的渲染襯托，山門殿成為寺前廣闊空間的構圖中心， 建築形制等級相應提高。

位於中軸線上的山門，等級較高的，常常採用殿堂的形制建造，稱作山門殿或三門殿。普濟寺山門殿實為乾隆御碑殿，金廂斗底槽平面，重檐歇山式建築。下檐斗栱柱頭科

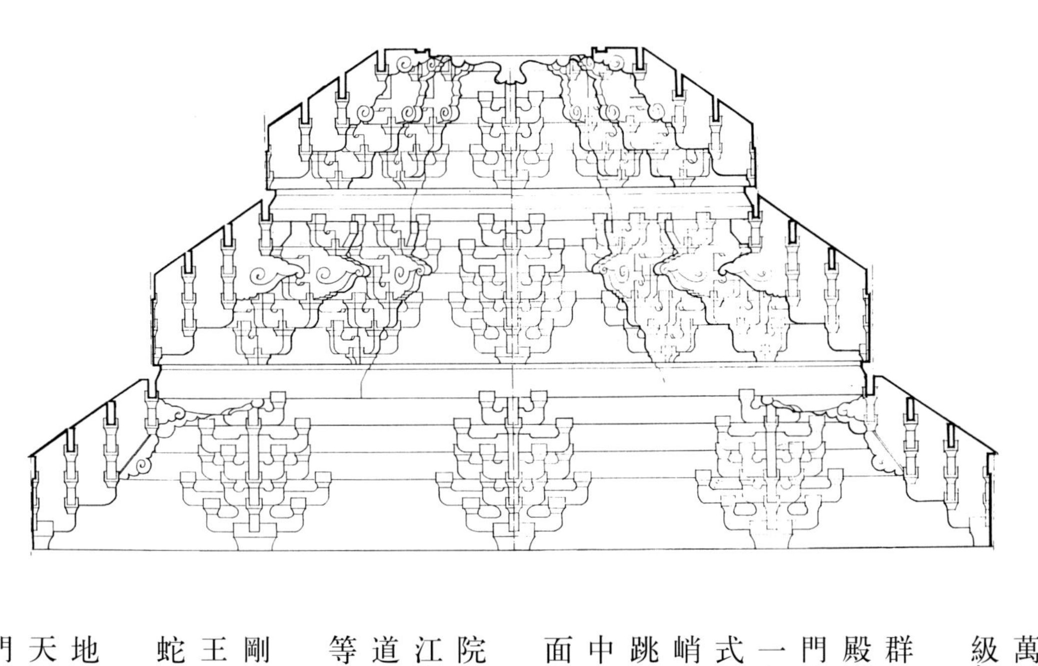

圖二〇　普濟寺山門殿藻井剖面圖

為三踩，平身科作一斗六升；上檐外拽出四跳，單翹三昂，鳳頭昂嘴，均為江南手法。屋面上覆黃琉璃瓦。通面闊五間一六·一米，通進深三間九·七米。內槽中間設斗八藻井。藻井由三層斗栱相承，每層出三跳，耍頭作蟬肚雲和螞蚱頭狀，頂部明鏡木雕盤龍。次間內槽斗栱承天花。殿內正中置康熙御碑，高三米，係一九八四年重刻。此山門殿始建於明萬曆年間，原稱萬壽殿，清康熙年間為安置康熙皇帝御筆碑記而重修並改稱，所取規格等級想必是監造者的有意安排了（圖一九、圖二〇）。

泉州開元寺位於泉州市中心區，佔地面積約七萬平方米，是福建省最大的佛教建築群，也是我國江南極為典型的城鎮佛寺。開元寺的山門又稱天王殿，是中軸線上的第一座殿宇。山門前有照壁『紫雲屏』，與山門之間有西街相隔，照壁在南側，山門在北側。山門臨街，老街狹窄，門前沒有開闊空間。山門坐北朝南，正面五間，進深三間。兩梢間係一九二四年大修時所加，原構為三間三進，是典型的泉州『四點金』小殿。大木作屬抬樑式廳堂型，作徹上露明造，雕繪華麗，具閩南風格。單檐硬山屋頂，舉折較大，屋面陡峭，可能出於臨街視覺方面的考慮。山門無規整鋪作，無昂，南北檐皆以柱頭加丁頭栱兩跳承檁。北檐處理簡潔，南檐施垂花柱等裝飾性構件，多為福建通行做法。山門北面正中，建有拜聖亭，俗呼拜亭，與山門毗連，構圖頗奇特。拜亭後毀，現狀為卷棚歇山頂，面闊進深均一間，體量小，一九六〇年重建（圖二一）。

小型寺廟庵堂的山門，往往作為院門，採用民居宅第大門的形式。例如普陀山息耒禪院、洪筏禪院的山門，做成磚雕牌科門樓，側出八字牆，雕工精湛，其形體和細部紋樣與江南大宅入口幾無二致。有的山門並不在中軸線上，而且為了增加深遠感，將山門做成兩道，頭道山門與二道山門之間有狹窄巷弄作為過渡空間。例如普陀山梅福禪院、大乘禪院等（圖二二、圖二三、圖二四）。

（二）天王殿

天王殿位於山門之後，佛殿之前。天王殿供奉四大天王，亦稱四大金剛，故天王殿又稱金剛殿。古印度四天王象徵地火水風，中國的四天王為：東方持國天王，身白色，執琵琶；南方增長天王，身青色，執寶劍；西方廣目天王，身紅色，執纏蛇；北方多聞天王，身綠色，右手執傘，左手執銀鼠，象徵風調雨順。

天王殿在寺廟中的地位和建築等級次於大雄寶殿和圓通殿。有的寺廟因種種原因，如地形限制或改建的緣故，將天王殿作為山門殿。開元寺的山門即天王殿；杭州靈隱寺也以天王殿作為山門殿，並於殿的兩側闢有東西側門；蘇州西園戒幢寺，進入寺前的黃牆拱門，天王殿巍然端立，呈現眼前，是寺廟的第一進殿宇，實際上起到山門殿的作用；阿育

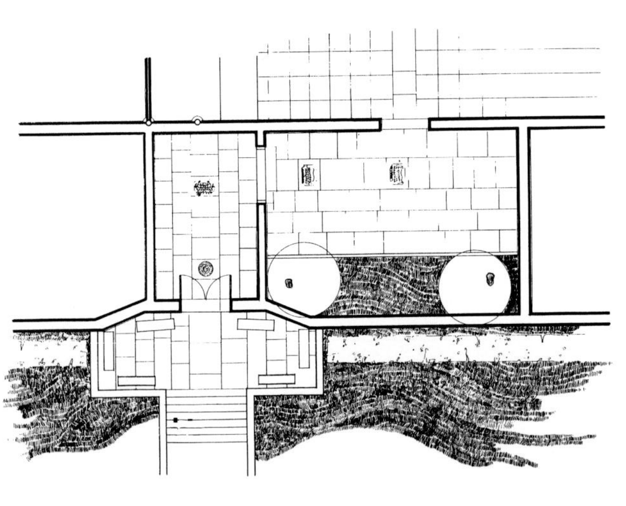

圖二二　梅福禪院頭山門平面圖

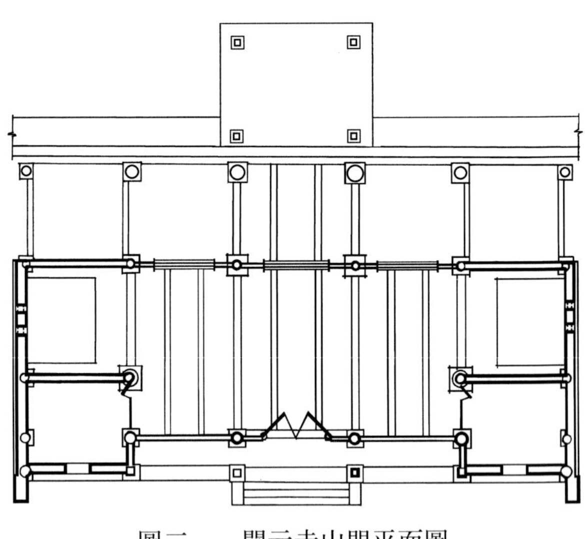

圖二一　開元寺山門平面圖

圖二三　梅福禪院頭山門立面圖

圖二四　梅福禪院二山門立面圖

王寺天王殿在中軸線上的阿耨達池（放生池）之後，面對開闊池面，給人以名寺巨剎的第一印象。

天王殿在佛寺中雖然不是主殿，但它是主殿前的重要殿宇，它在建築群中的位置相當重要，因此其建築體量、形制和裝修規格必經建造者慎重斟酌，以求得在佛教禮儀上和建築群體效果上的恰如其分。在大型寺廟中，如果大雄寶殿或圓通殿採用重檐歇山式，那麼天王殿以單檐歇山居多，施斗栱或不施斗栱，屋面敷琉璃瓦或青瓦。若施斗栱，則斗栱攢數、踩數必少於大殿，做法也相對簡單。在建築尺度上，其開間數、通面闊、通進深及建築總高度均比大殿略小。

普濟寺天王殿位於山門之後第一進院落，左有鐘樓，右有鼓樓，後為大圓通殿，建築比例尺度十分勻稱協調，是一組造型風格統一而又變化豐富的建築群體。天王殿採用重檐歇山頂，與大殿屋頂形制類同。但屋頂不施琉璃而覆青瓦，檐下不施斗栱。天王殿通面闊五間二八·七米，（圓通殿為七間三九·二米，山門殿〈御碑殿〉為五間一六·一米。）平面尺度界於圓通、山門二殿之間。地面至正脊高一二・三米，也界於圓通（一九・九米）、山門（一一・一米）二殿之間。天王殿立面造型頗奇特。明間下檐突起，與次、梢間下檐不相連；明間兩柱之間採用板壁，暗紅色，開圓洞門，上懸『天王殿』匾額。明間檐口的昇起所帶來的形體變化，使該殿具有鮮明生動的形象。這種造型手法與『抱廈』頗相似，卻比『抱廈』簡潔巧妙，以輕鬆的筆法將天王殿入口突出出來，又加強了殿宇的整體性，是在規制嚴謹的中國古典建築中具有創造性的佳例。此種做法在南方與北方均不多見。

法雨寺天王殿在寺的第一進院落正中，高踞於四米重臺上，面對照壁，氣勢巍峨。天王殿為重檐歇山式建築，分心斗底槽，青瓦黃牆，整個建築外檐不施斗栱，檐下簡練清爽。殿兩側各闢側門——為頭山門天后閣之後的第二道山門，尺度不大，比例適中，作為天王殿的陪襯，顯得主次分明，錯落有緻，在構圖上與天王殿融為一體。殿前的月臺舒展宏敞，利用地形高差取得足夠高度，使高踞其上的天王殿更具莊嚴神聖感，成功地塑造了大型寺廟的入口形象。天王殿之前，今為寬廣院落，頭道山門天后閣在東南角；庭院正前方有九龍壁，石雕新作；庭院兩旁各有石經幢一座，中為石板路。前庭原為二重，中偏南有石牌坊一座，照壁上原為磚雕『六字真言』。

法雨寺天王殿七間三進，通面闊二八・五米，通進深一一・五米。以軸線面積計算，為三二八平方米，圓通殿為七三七平方米，呈一比二・二的比例關係；普濟寺天王殿面積為四三三平方米，圓通殿面積為九六四平方米，也呈一比二・二的比例關係。在高度方面，以臺基面至正脊計算，法雨寺天王殿為十二米，圓通殿為一七・八米，比例約為一比一・五；普濟寺圓通殿為一八・一米，天王殿為一一・八米，比例也約為一比一・五。這種相同的比例數字也許是巧合，但從中可以看出天王殿與寺的主殿之間在建築面積和體量方面的大致比例關係。

（三）　佛殿　中軸線上的重要殿宇，最常見的是歇山式。敕建的大型廟宇，佛殿（大雄寶殿、圓通殿）一般採用歇山重檐，下施斗栱，上敷黃琉璃瓦，脊飾做法皆按規制，屋架大木及裝修小木做法也基本符合規矩。

開元寺大雄寶殿是長江以南的佛寺殿宇中時間較早規模最大的佛殿，始建於唐垂拱二年（公元六八六年）。自唐以降，屢建屢毀。據考，現存建築構架主體是明洪武二十二年（公元一三八九年）之物。大雄寶殿是開元寺中心建築，重檐歇山頂，平面九間九進，通面闊四十一米，通進深四〇・八米，几近正方形，俗呼百柱殿，實則內部省去兩排，祇有八十六柱。殿內省略兩排柱子採用七米大樑，使大殿的構架處理極其恰當地適應了建築平面和空間上的功能要求。寬敞的拜仰面積在前，龍柱、飛天、斗栱、托木、掛障等烘托出肅穆而華麗的氣氛。進深七·二米的佛座空間在後，佛像背後立柱昇高承檁及樑尾，隔架科斗栱等構件簡化，襯托出佛、菩薩的絢麗。大樑的昇高給殿內高大非凡的造像留出了充分空間，形成了震懾人心的室內景象。殿身檐柱與內柱斷面皆為六棱圓形，尺寸亦相同，北面副階檐柱斷面方形，皆粗壯敦實，保持古制。殿身檐柱心間兩根雕飾蟠龍最早見之於北宋太原的晉祠聖母殿木檐柱，龍體近乎圓雕。明清兩代多用於石柱，北方重要實例為曲阜孔廟大成殿檐柱。閩南產石，石作傳統遠出北方之右，故石龍柱多且精。明代常用龍石，雕淺而古拙；清代多選輝綠巖，雕刻漸深，工藝精湛而古風漸失。開元寺大殿兩根柱身高大，龍體刀法簡略，為明代上品。殿內上為平棋天花，採用穿斗草架。明清兩代，南方建築受穿斗木架影響而多徹上明造。在閩南古建築中，除斗八藻井外，天花板使用極少。殿內斗栱附飾飛天樂伎二十四尊，為南北方木構古建築所少見。開元寺大雄寶殿體現出中國古代南北兩地的建築成就，也展示了閩南地方的建築藝術成就（圖二五、圖二六）。

普陀山普濟寺大圓通殿是普陀山佛教勝地最大的殿宇。寺始建於何時尚難確定，正式稱『寺』則始於北宋神宗時，現存之規模為清康、雍兩朝所奠定，主要殿宇皆為清初風格。圓通殿為觀音正殿，殿中供奉六·五米高的毗盧觀音坐像，兩側分列觀音三十二應身像，此場面為觀音道場所特有。該殿為雙槽平面，七間五進，通面闊三九·二米，通進深二四·六米。屋頂重檐歇山式，上覆黃琉璃瓦。明、次三間設菱花隔扇門，梢間作檻窗，盡間與兩山築以厚牆。殿前出月臺，石欄圍護，中置銅鼎爐。前院百年古樟遮天蔽日。大殿柱體修長，檐柱長細比十比一。上檐施九踩溜金斗栱，單翹三昂，下檐斗栱五踩雙昂。鳳頭昂，昂嘴呈捲雲狀，上部螞蚱頭也雕成捲雲狀，極富裝飾性，為江南所常見。斗栱比例瘦高，溜金斗栱做法也與清官式做法不盡相同，整體裝飾效果精巧秀麗。柱頭科上檐無坐斗，柱子直通斗栱頂部，上承樑架，下檐柱頭科為圓形櫨斗，上承挑尖樑。無墊栱板。檐部不做挑檐檁，將挑檐枋加大以代替挑檐檁承重。隔架科及品字斗栱均為一斗六升置於捲雲駝峰上。整個做法簡潔明快（圖二七）。

大殿檐柱徑僅〇·四四米，由於柱高與柱徑之比仍按慣常數值十比一，柱高僅四點四米，殿身高度較小。從視覺效果看，大殿前後院落進深較小，觀者多近殿前，縮小殿身高度而增大屋頂高度可使近距離透視效果得以改善，比例尺度反覺均衡勻稱。翼角結構採用江南常用的嫩戧發戧形式。但屋角起翹不如蘇南一帶陡峭。

法雨寺雖地處南方，但圓通殿大木構架基本上按照清代北方官式做法。舉架規律與『清式營造則例』極為接近；翼角結構使用老角樑與仔角樑疊合，而未使用嫩戧發戧。內部結構的處理還取決於大殿功能的需要。法雨寺圓通殿因有敕賜九龍藻井而大大提高了地位，增強了佛像的莊嚴性。由於九龍藻井的設置以及與之相對應的大型佛壇的需要，內槽採用六架以加大內槽空間尺度。也由於九龍藻井的設置，殿內上檐全部設天花，以求規格的統一。因此，法雨寺圓通殿在建築等級上是普陀山所有殿宇中最高的（圖二八、圖二九）。

普陀山是觀音道場，規模宏大的普濟寺祇設供奉觀音菩薩的圓通殿，不設大雄寶殿，

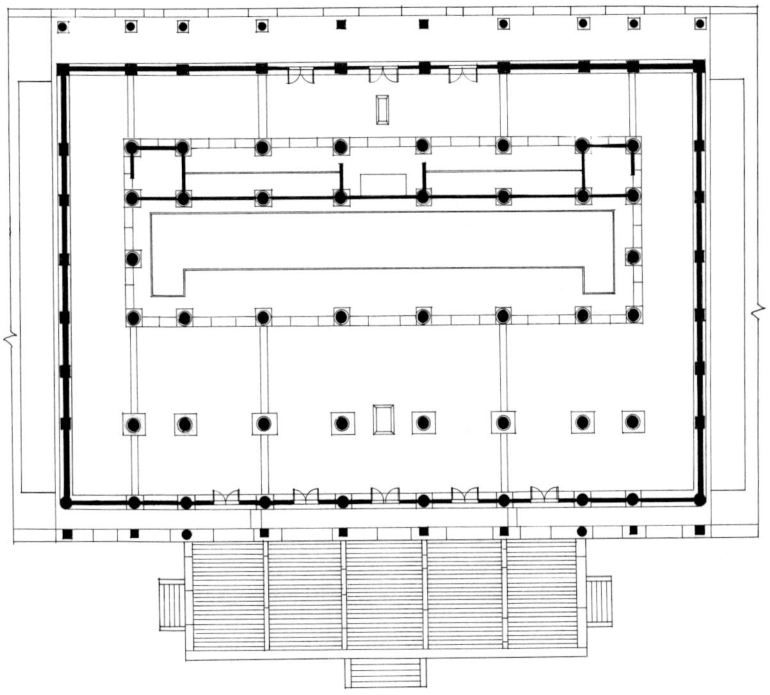

圖二五　開元寺大雄寶殿平面圖

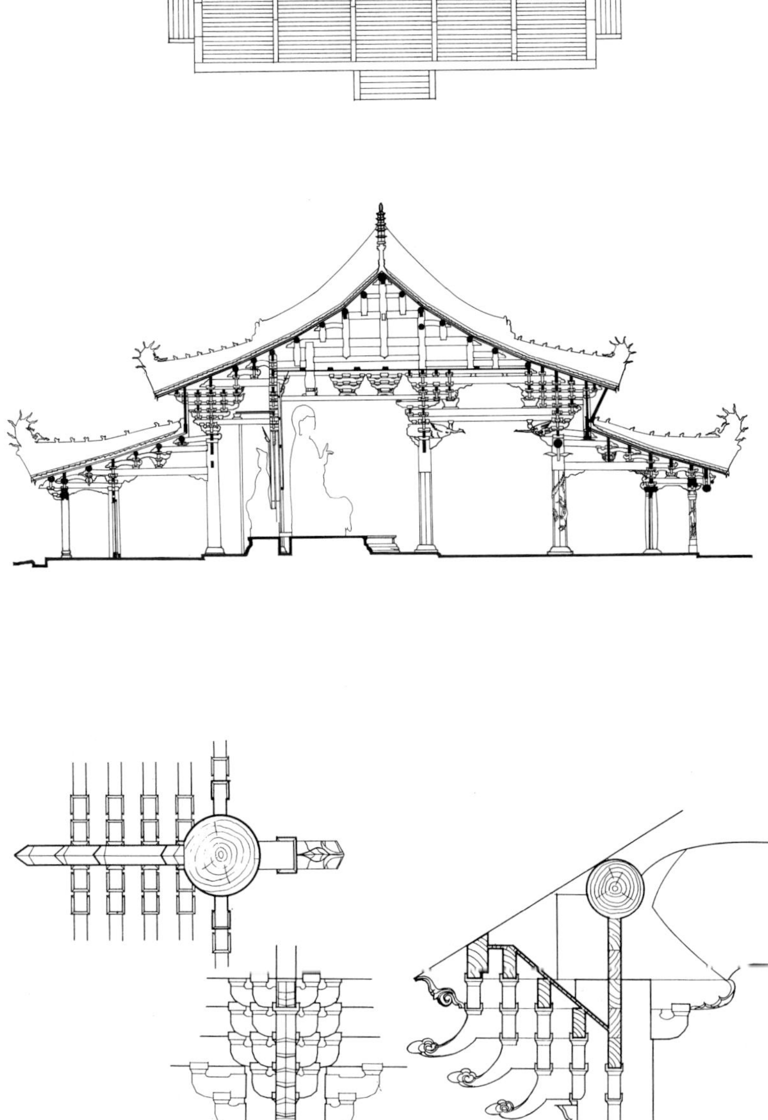

圖二六　開元寺大雄寶殿剖面圖

圖二七　普濟寺圓通殿上檐柱頭科斗栱大樣

僅在藏經樓下法堂內供奉釋迦、藥師、彌陀三尊，其佈局符合常規。法雨寺以圓通殿為主殿，但在圓通殿之後又設大雄寶殿，且大雄寶殿規模小於圓通殿，這是特例。如前所述，法雨寺地處主香道中間，主香道末端白華頂上的慧濟寺專奉釋迦牟尼佛祖，這裏作為登山拜謁佛祖之前的一個過渡，在寺的後部設置了大雄寶殿，既不失觀音道場特點，又起到禮佛思緒上的承前啟後的作用，可見古人在佛殿設置上的良苦用心。

法雨寺大雄寶殿重檐歇山頂，五間五進，通面闊二八·八米，通進深二十一米，檐高四·四米，總高一五·五米。殿之兩側各建一座單檐單層朵殿。明間後槽設置佛壇。大雄寶殿的建造年代僅比圓通殿晚二年，但做法有很大區別。構架採用內四架、前後各出三架，共十架，為上檐屋頂構架。又在外端前出廊軒、後出雙步，為其下檐構架。大樑之下

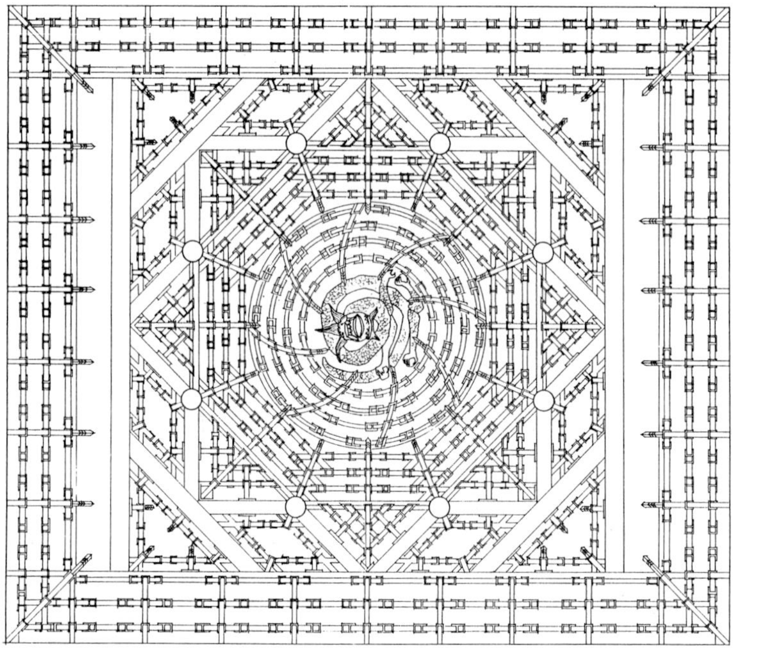

圖二八　法雨寺圓通殿九龍藻井平面圖

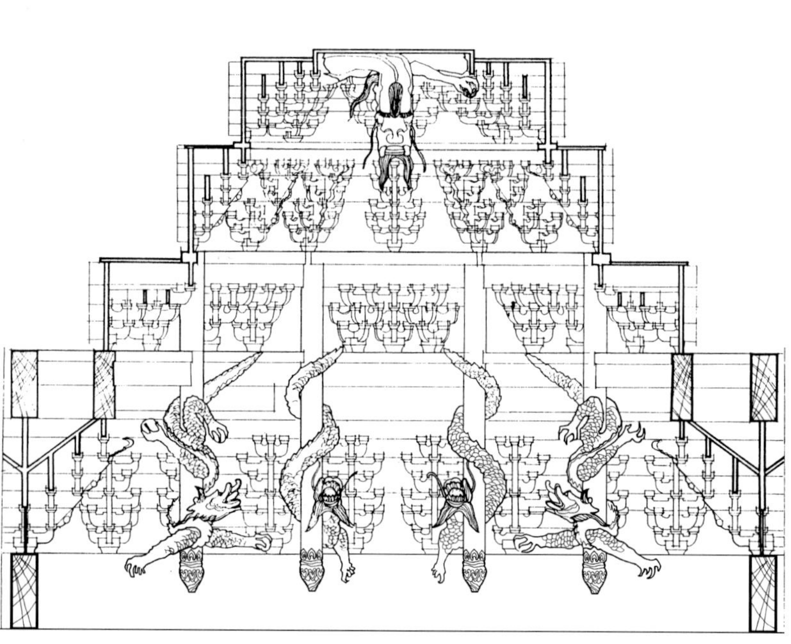

圖二九　法雨寺圓通殿九龍藻井剖面圖

加設隨檁枋，枋的斷面較大，檁枋之間承以一斗六升，這種構架做法在江南頗為常見。大殿的斗栱做法簡潔，處理靈活，為江南牌科（斗栱）之屬。屋面的坡度曲線也按照江南『提棧』的方法。歇山收山方法巧妙，即在次間邊縫檁架的隨檁枋處，出兩山檐椽，檁架外皮釘草架山花板，檁條向外伸出一柱徑頂博風板，板較寬，依舉折之勢微曲，製作簡潔而形式清秀。

（四）藏經樓、法堂　藏經樓和法堂往往合併為一幢二層樓建築，藏經樓在上，法堂在下，而法堂中僧人衆多，空間與二樓相比需要擴大延伸，因此便形成副階重檐，如寺之主殿為歇山式，則藏經樓和法堂也常以歇山式屋頂建造。有的寺廟將藏經樓和法堂分別單獨建造，則法堂在前，藏經樓在後。此時法堂的建築形式和規模與天王殿相倣，藏經樓因是樓房，平面尺度略小。藏經樓也可作單層，稱藏經殿。

普濟寺藏經樓位於圓通殿北，相距僅十四米，其間有一狹窄院落。藏經樓為歇山重檐式樓閣，七間六進，通面闊二七．六米，通進深十九米，副階週匝。臺基高〇．二米，臺基至正脊高一四．九米。臺基低矮，是因為藏經樓所處地面高出前面圓通殿地面一．三米餘，院落又狹窄之故。建築物的相對高度在中國古建築中，體現出建築物的等級和主次關係，建造時總是謹慎處之。藏經樓雖為二層樓閣，且建造高處，其正脊仍比圓通殿正脊低三．五米。這便體現出了供奉觀音菩薩的主殿大圓通殿在觀音道場普陀山的地位。

普濟寺藏經樓下檐斗栱一斗三升，上檐無斗栱。廳堂式木構架，徹上露明造。前廊作軒。二樓擎檐柱置於博脊上，纖細。現藏經樓的樓上稱玉佛樓，樓下為法堂，法堂內供奉釋迦、藥師、彌陀三尊。

法雨寺藏經閣在大雄寶殿後的第六進院落，這裏是全寺最高的一層臺地。藏經閣為七開間二層樓閣，樓上存貯『龍藏』經卷，樓下為法堂。其建築形式為典型的江南傳統民居式，前軒後樓的做法。

（五）方丈殿　方丈殿常常設在中軸線的末端，形成獨立的院落，如普濟寺。也有不在中軸線上的，如天童寺、慧濟寺、法雨寺等。方丈殿為方丈的住所，仍屬僧房一類，建築等級不高，以硬山或懸山式建造，與江南民居形式無異，但尺度比一般僧房為大，明間堂屋供奉佛像。方丈院內還有小型附屬用房，並配植樹木花草等。

普濟寺方丈殿又稱『獅子窟』，在寺的中軸線末端。其建築形式雖是江南民居式，但它所處的軸線位置和封閉式院落之格局顯示了它的重要性。院落正門在全寺的中軸線上，置垂花門一座，製作精巧，體量適中，兩側築八字護牆。院落地坪高出前面藏經樓地坪

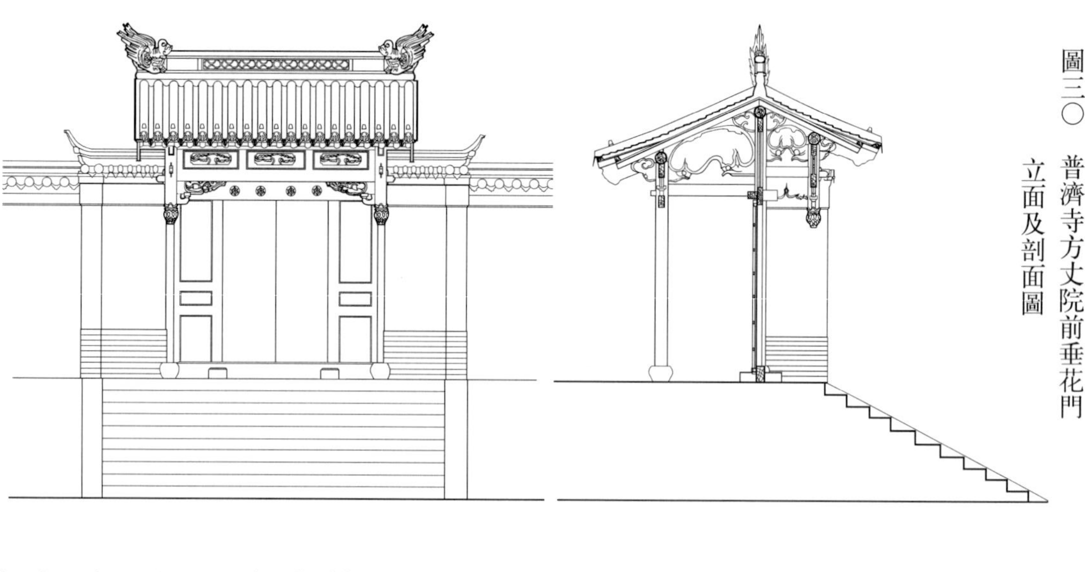

圖三〇　普濟寺方丈院前垂花門立面及剖面圖

一·七米，門前築石階十級。方丈殿通面闊五間二四·一米，通進深一二·五米。中間三間為客堂，明間正中懸康熙親筆『獅子窟』額；梢間為寢室。硬山屋頂龍頭脊，上覆小青瓦。屋面坡度較平緩。廳堂式構架，九檁，月樑，樑端雕雲頭紋。脊瓜柱上做蘇葉雲以承脊檁。柱徑相等，皆為〇·四米。前廊出檐較大，與檐步相等，為一·八米（圖三〇）。

法雨寺方丈室在藏經閣的左廂，右廂為三官閣、祖師堂、龍井室等。該建築的位置和形式均不如普濟寺。

（六）配殿、朵殿、廂房　中軸線兩側的建築，無論樓堂殿舍，等級規模皆低於中軸線上的主要建築。在這些建築中，以大殿（大雄寶殿、圓通殿）兩側的配殿等級較高，朵殿次之。大型寺廟的配殿也有做歇山式屋頂的，但做成單檐，體量也比大殿顯著減小，以適應配角地位。朵殿與主殿併排，分列兩側，以小體量的硬山或懸山式建造，比例勻稱，大小適中，將主殿的宏偉氣勢襯托出來。中軸線上一系列院落兩旁的廂房，採用硬山或懸山式，低矮齊整，是構成封閉式院落不可缺少的部份。廂房可為單層，亦可兩層，似與寺廟的大小規模無關。

伽藍七堂制所形成的中軸對稱遞進式院落，儘管院落大小不同，但院落空間尺度的變化主要在於縱向進深的深淺，而橫向尺度一般是相同或相近的，這就可以保持兩廂的整齊劃一，使中軸院落系列形成規整的矩形總平面組合。於中軸線一系列殿宇的兩側，廂房的前面，自然形成縱向貫通的道路，這在建築群的總體使用功能上是十分有利的。由於殿宇等級規模不同，其開間數、通面闊便不相同，差別還很大。因此當寺廟的主殿通面闊與院落寬度接近時，兩側就不可能建造朵殿，而相對次要的體量略小的殿宇則建造朵殿，與之有機組合，連成一氣，寬度合宜，兩旁仍有道路或走廊的位置。

例如法雨寺圓通殿兩側不設朵殿；泉州開元寺大雄寶殿與主院拜庭同寬，也不設朵殿；寧波天童寺佛殿兩側也無朵殿，等等。

法雨寺圓通殿的東廂為鬆風閣，西廂為水月樓。東西兩廂建築排列齊整，依山勢循階而建，單層與樓房相結合，高低錯落，組合有序。建築形式一律硬山式屋頂，前出廊廡，上建騎樓，為江南民居中所常見。硬山式屋頂是普陀山地區傳統風格，這一帶民居不用懸山式，或許因為海島多颱風的緣故。騎樓廊廡是連續的，將前後院落貫通，在使用上便捷舒適，尤其適應烈日陰雨天氣之需，是功能與形式的巧妙結合。兩廂建築按昔日的名稱，東面依次為松風閣、齋樓、香積廚、東禪房等；西面依次為水月樓、西客堂、戒堂、三生堂等。兩廂建築一字排列，直延續到大雄寶殿的兩側。大雄寶殿通面闊僅二八·八米，殿前院落寬達五十八米，兩側有充分餘地設置朵殿。朵殿採用單檐硬山式，左為準提殿，右為伏魔殿。大殿前院建有焚化爐（燔爐）兩座，分居左右，石基座黃牆歇山頂，體量極小，似點綴物。由於大雄寶殿後的第六進院落主要有藏經樓、方丈殿等，香客遊人很少到達，所以大雄寶殿及兩側的朵殿起到收斂空間的作用，將前後兩院分割開來，使後面的院落具有一定的封閉性。從院落空間關係看，圓通殿兩側不設朵殿是頗有道理的。圓通殿通面闊七間三五．六米，殿前院落為五十五米寬、六十五米深，如殿側設置朵殿則過於擁擠閉塞，不設朵殿則兩旁各有十米寬的道路和石階，使圓通殿前庭與大雄寶殿前庭這兩個主要院落空間前後流通融合，不僅是使用功能的需要，也增加了大寺的宏敞氣度。

普濟寺圓通殿設有朵殿：東朵殿為靈應殿，西朵殿為關帝殿；東廂房為羅漢堂（舊稱長生堂）、伽藍殿，西廂房為羅漢堂、祖師殿。圓通殿後的藏經樓也設有朵殿：東朵殿為普門殿（舊稱全彰堂），西朵殿為地藏殿（舊稱先覺堂）；東、西兩廂為二層樓房，分別為瑞日樓和慶雲樓。東廂用作庫房、膳房等，西廂用作僧房、客寮，以院門相隔，自成獨立的旁院。圓通殿通面闊七間三九．二米，殿前院落寬六七．五米，藏經樓通面闊七間二七．六米，殿前院落寬六一．九米，與前面的主院只相差兩廂前廊的寬度。圓通殿之朵殿極小巧，僅有三開間；藏經樓兩朵殿各有五間，其總寬度與圓通殿加朵殿之總寬度大致相等。由於普濟寺不設大雄寶殿，圓通殿後即為藏經樓，殿前是香客遊人最多的主院，因此以圓通殿加朵殿來分隔前後區域十分必要。藏經樓之後為方丈住所，因此藏經樓加朵殿形成了更為封閉的分隔物，僅留狹窄過道和石階。圓通殿之前的天王殿儘管只有五間二八點七米，但兩側不設朵殿，一則與殿宇等級有關，再則有利於建築空間組織，使圓通殿與山門之間成為寬廣的整體院落，天王殿踞其中央，院內古樟成蔭，香煙繚繞，舒展靜謐。普濟寺朵殿的設置和空間構成的方式與法雨寺有很大不同。

（七）　鐘、鼓樓　　在進入寺廟之後的第一進院落——一般是山門之後天王殿之前，兩側有鐘、鼓樓。鐘樓在左，鼓樓在右，即所謂『左鐘右鼓』，由於寺廟大多是坐北朝南的，則鐘樓在東，鼓樓在西，應『晨鐘暮鼓』之規矩。鐘、鼓樓的建築形式，多採用正方形平面，尺度不大，上面覆以二重檐或三重檐，屋頂常用小巧的歇山式。也有單設鐘樓不設鼓樓的，如四川平武縣報恩寺、普陀山慧濟寺。

報恩寺鐘樓在天王殿前院落的左側，符合佛寺佈局常規。右側與之對稱的位置是一塊空地。報恩寺不建鼓樓的緣由有多種說法。一種通常的說法是，報恩寺原是王璽為自己建造的王府，倣照紫禁城的形制，被朝廷發覺後，王璽畏罪，速將王府改成寺廟，當調查此

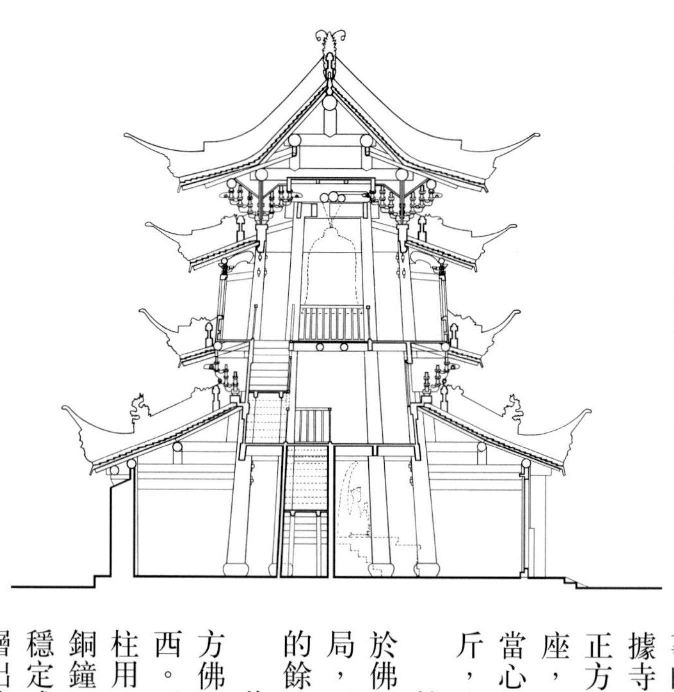

圖三一　普濟寺鐘樓剖面圖

事的欽差大臣到達時，鐘樓建好而鼓樓尚未動工。因此當時的碑銘中均未見鼓樓的記載。據寺內老僧説報恩寺後來補建了一座鼓樓，清朝時期遭火災焚毀。報恩寺鐘樓高十三米，正方形平面，三間三進，建築面積一五二平方米。樓分上下兩層，重檐歇山式，上層設平座，屋面覆蓋灰色琉璃瓦。上檐不施斗栱，下檐施用單栱五鋪作，雙抄不出昂，計心造。當心間補間鋪作四朵，次間無補間鋪作。樑上懸掛鑄鐵大鐘兩口，大者一萬斤，小者五千斤，分别為明代正統十一年（公元一四四六年）和成化八年（公元一四七二年）鑄造。

慧濟寺僅有鐘樓而無鼓樓，鐘樓位於大雄寶殿主院左側旁院，遠離中軸線。慧濟寺位於佛頂山巔，由庵院擴建而成，地形所限，不宜強調對稱。該寺採取横向發展的院落式格局，天王殿前不可能形成建造鐘鼓樓的院落空間，衹在主院以東旁院的外側尚有建造鐘樓的餘地。

普濟寺鐘樓、鼓樓位於天王殿前院的左右兩側，形體端莊秀麗，比例尺度恰當，是南方佛寺鐘鼓樓的佳例。普濟寺鐘樓與鼓樓形體、尺度完全相同，對稱坐落於院落之東、西。平面為邊長一〇·五米的正方形，副階週匝，内槽四根金柱直通到頂，二層以上作角柱用，側角較大。室内設四根圓柱，直徑與金柱相同，通至頂層天花以下，上置横樑以承銅鐘。建築為三層樓，外觀為歇山四重檐式樓閣。底層副階屋頂舒展，增加了修長樓閣的穩定感；二層屋檐與相應樓面平齊；頂層設平座，並於屋頂之下加設腰檐。第二、三、四層出檐接近相等，没有明顯收分，使整體造型剛直穩健（圖三一）。

（八）戒壇　戒壇，『授戒之壇場也。梵云曼陀羅，譯曰壇。高築之，故云壇。』中國舊有戒壇佛寺三處：北京戒臺寺、杭州昭慶寺、泉州開元寺。開元寺戒壇規模最大，今前二者均廢，故開元寺戒壇成為僅存的一座。開元寺戒壇在寺的中軸線上，大雄寶殿以北，是開元寺内地位僅次於大雄寶殿的建築單體。戒壇以『甘露』命名，『甘露法門』譬喻最上之法，長阿含經一曰：『吾愍汝等，今當開演甘露法門。』又，『甘露王』為阿彌陀佛之别號。

《泉州開元寺誌》記載：『甘露戒壇在大殿之後，先是唐時，其地常降甘露，僧行昭因甘露井。宋天禧三年（公元一〇一九年），朝例普渡，僧始築戒壇。』

至南宋初，甘露戒壇改建隆重規模。元代釋大圭《紫雲開士傳》記載：『敦照禪師者……宋建炎二年（公元一一二八年）主是院，匡衆之暇，覽《南山圖經》，因太息，以寺之戒壇制度粗陋不盡師古為深慮，乃與其徒體瑛、祖機、法均作新之。凡五級，輪廣高深之尺度，悉乎板仇律法，必有據依，無一出私意。』

元至正丁酉年（公元一三五七年）開元寺遭火災，戒壇也在火災中焚毀，但不久得以復建。《泉州開元寺誌》記載：『……壇災，洪武三十三年（公元一四〇〇年）僧正映重構，雖壯麗如昔，而制度非敦照之舊矣。永樂辛卯（公元一四一一年），僧至昌增建四廊。』此後戒壇歷有維修，但無火災或拆毀的記錄，可以認為現存主體為明代初年所建造（圖三二、圖三三、圖三四）。

（九）傣式佛殿　傣式佛殿也由基座、樑架、屋面三部份組成，但屋頂造型豐富，變化極多，屋角起翹甚高，曲線優美，形成龐大而華麗的獨特風格。

勐海景真寺經堂，俗呼八角亭，是這種殿宇的佳例。景真寺經堂建於公元一七〇一年，通高一五·四米，寬八·六米，由座、柱、頂三部分組成。基座平面為亞字形須彌座，折角二十四邊，共十六個角。樑柱間砌磚牆，也形成十六個角，開四門。牆內外鑲彩

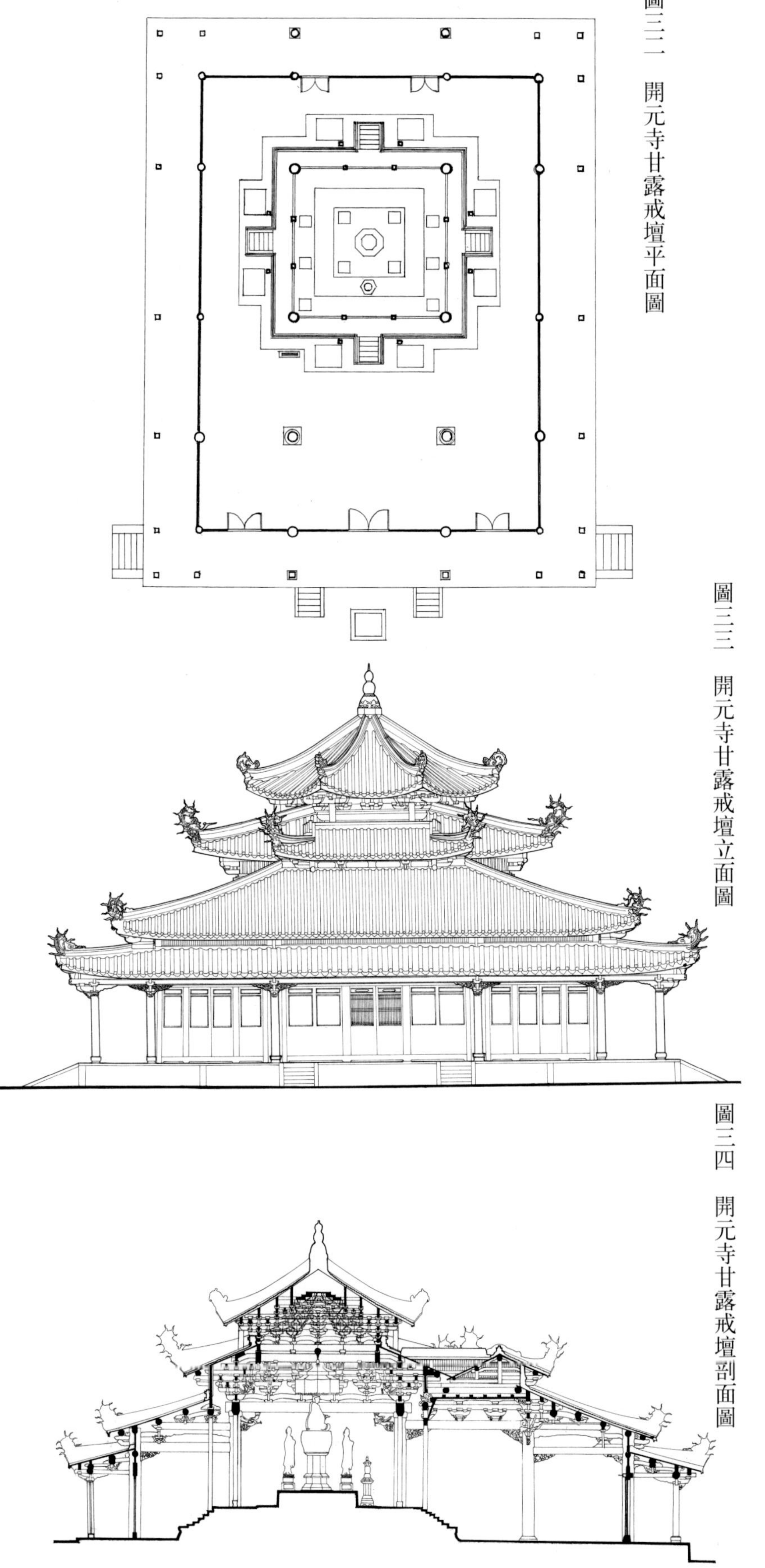

圖三二　開元寺甘露戒壇平面圖

圖三三　開元寺甘露戒壇立面圖

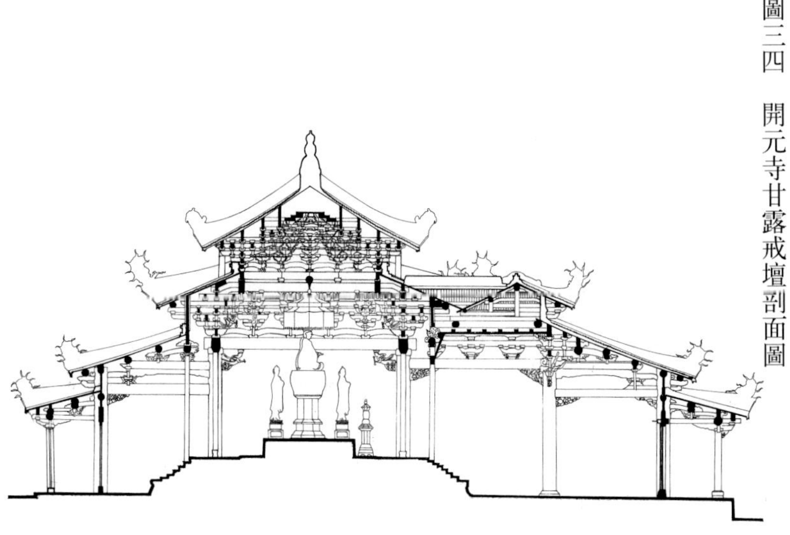

圖三四　開元寺甘露戒壇剖面圖

色玻璃，并用金銀粉印繪各種花卉、人物、吉禽瑞獸，光彩奪目。大屋頂按八個方向做八組十層懸山式屋面，逐層遞昇、收縮，形成攢尖。寶頂為木結構，刹杆長而尖。翼角陡翹，曲線優美。整座建築玲瓏華麗。

其它著名佛寺如西雙版納宣慰街佛寺、橄欖壩蘇曼滿佛寺、勐遮景真佛寺等，皆有類似特點。

傣式寺廟中的僧舍，大都為干闌式建築，與當地民居風格相一致。所謂『干闌式』，是在竹或木底架上建造高出地面的房屋，上面覆蓋長脊短檐的大屋頂，是適應多雨潮濕地區的古老建築形式。『干闌』古稱『葛欄』，在河姆渡文化、馬家浜文化、良渚文化中均有發現。今天的滇南、滇西南仍然盛行，其它地區則很少見了。

六　佛塔、經幢

塔本是古代印度的墓標。梵音為 STUPA，音譯過來為『窣堵坡』、『塔婆』、『塔』等。其義為『纍積』，纍積土石于墓上作為標記。釋迦牟尼圓寂後，門人弟子以香木焚屍，不能盡毀，剩餘許多由骨骼化作的顆粒狀物，稱作舍利，乃建塔藏之，即後世所謂舍利塔。塔是佛徒崇拜的對象。印度塔的構造，由臺座、覆缽、寶匣、華蓋四部份組成。臺座是指塔的基座；上面是半球狀的覆缽，形狀像穹窿頂；覆缽頂部是寶匣，形如方箱，里面存放舍利；最上為華蓋，作三層傘狀。塔的內部用泥土填實，不能登臨，是一種純粹的紀念物。中國的塔，最早的是漢朝明帝永平十八年（公元七五年）所建的洛陽白馬寺塔。據《魏書．釋老誌》所載，白馬寺塔是依照印度塔的形狀式樣建造的。

中國的塔，早期受印度和健陀羅的影響較大，後來在長期的實踐中發展了自己的形式，在類型上大致可分為樓閣式塔、密檐塔、單層塔、金剛寶座塔、喇嘛塔和傣式塔几種。中國南方的佛塔仍以樓閣式塔和密檐塔為主；金剛寶座塔、喇嘛塔不多，規模也小；單層塔在南方罕見；傣式塔則分佈在雲南西雙版納等地區，北方未見，為南方所特有。

（一）樓閣式塔　樓閣式塔是倣中國傳統的木構架建築的，它出現最早，數量最多，是中國塔中的主流。據《三國誌》卷四十九，吳書．劉繇傳，東漢獻帝初平四年（公元一九三年）笮融在徐州建造的浮屠祠，已經是『上纍金盤，下為重樓，又堂閣週迴，可容三千許人』的大建築群，這是目前所知有關中國木塔的最早文獻。這裏將塔描述為上纍金盤的重樓，所謂『上纍金盤』，指的是金屬的塔刹，它的形式是印度塔的縮影；所謂重樓，則指中國木構多層建築，在司馬遷的《史記》中就提到漢武帝建造木構高樓來迎接神仙。可以説中國佛塔的主流樓閣式塔是在中國的一種宗教用的高樓上加上一個縮小了的印度塔模型。大同雲崗石窟中的五重石塔柱，則是北魏時的樓閣式塔，使用了木建築的柱、枋和斗栱，並且逐層向内收進，在結構和外觀上，都已經中國化了。南北朝至唐宋，是中國樓閣式塔的盛期，分佈幾乎遍於全國，尤以黄河流域和南方為多。塔的平面，唐以前都是方形，五代起八角漸多，六角形為數較少。早期木塔和倣木的磚石塔衹用一層塔壁結構，剛度欠強；後來改用雙層塔壁，塔身剛度大增，現存實例，木塔以遼代山西應縣佛宫寺釋迦塔為早，磚塔以五代江蘇蘇州虎丘雲巖寺塔為先。材料的使用，由全部用木材，逐漸過渡到磚木混合和全部用磚石，完全用木的塔在宋代以後已經絶跡。

樓閣式磚塔以蘇州雲巖寺塔為例。蘇州雲巖寺塔又稱虎丘塔，位於蘇州市西北虎丘山頂，始建於五代周顯德六年（公元九五九年），落成於北宋建隆二年（公元九六一年），是樓閣式磚塔最早的實例。從南宋建炎元年（公元一一二七年）到清咸豐十年（公元一八六〇年），塔遭七次火焚，屢經修繕。現存塔身平面正八邊形，七層（第七層為明末重建），大部用磚，僅外檐斗栱中的個别構件用木骨加固。塔身逐層向内收進，塔刹與磚平座已不存，殘高四七·七米。磚塔各層高度並非有規律遞減，頗為奇特。塔身外壁各層轉角處砌圓柱，每面三間，以塔柱劃分，中為壺門，左右為磚砌直櫺窗。柱上施闌額，無普柏枋，額上施斗栱以承塔檐。每層塔檐上面有磚木混合建造的斗栱和磚造的平座、勾欄。一至四層檐下斗栱用五鋪作出雙抄，第五、六層用四鋪作單抄，補間斗栱每面二朵，但第七層衹補間一朵。平座斗栱較腰檐減一跳。塔身由外壁、迴廊、塔心三部份組成。塔心壁是正八邊形，内有小室，小室平面除第二、第七兩層為正八邊形外，其於各層均為正方形（圖三五、圖三六）。

磚木混合結構的樓閣式塔以蘇州北寺塔為例。蘇州北寺塔又稱報恩寺塔，建於南宋紹興年間（公元一一三一至一一六二年），八角九層，高七十六米。塔為木外廊磚塔身，採用磚砌『雙套筒』的結構形式。塔身每層施平座腰檐，即外廊，次為外壁，其内設内廊，再裏面為内壁圍成的塔心室，供奉佛像。據考六層以下磚砌體為宋代遺物，七層以上可能是明代重修。各層木構外廊和底層的副階則為清末晚近之作。

塔的外廊第一層特寬大，每面有三間，覆蓋著一·三畝的基座，下部石座刻捲雲，秀逸古樸。平座皆施斗栱，外壁表面各層以磚製八角柱分為三間，當心間設門，二至四層用

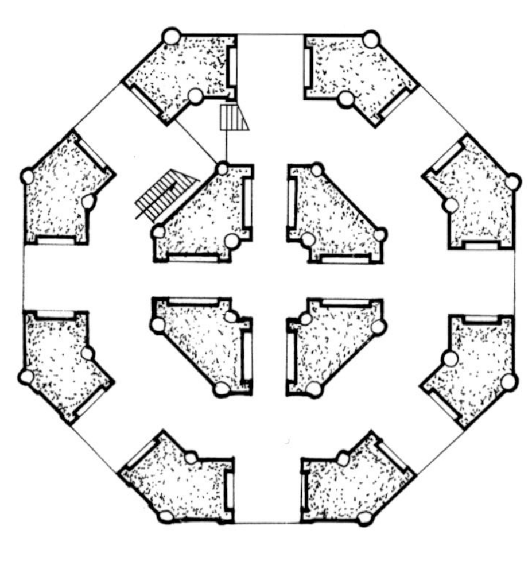

圖三五　虎丘雲巖寺塔平面圖

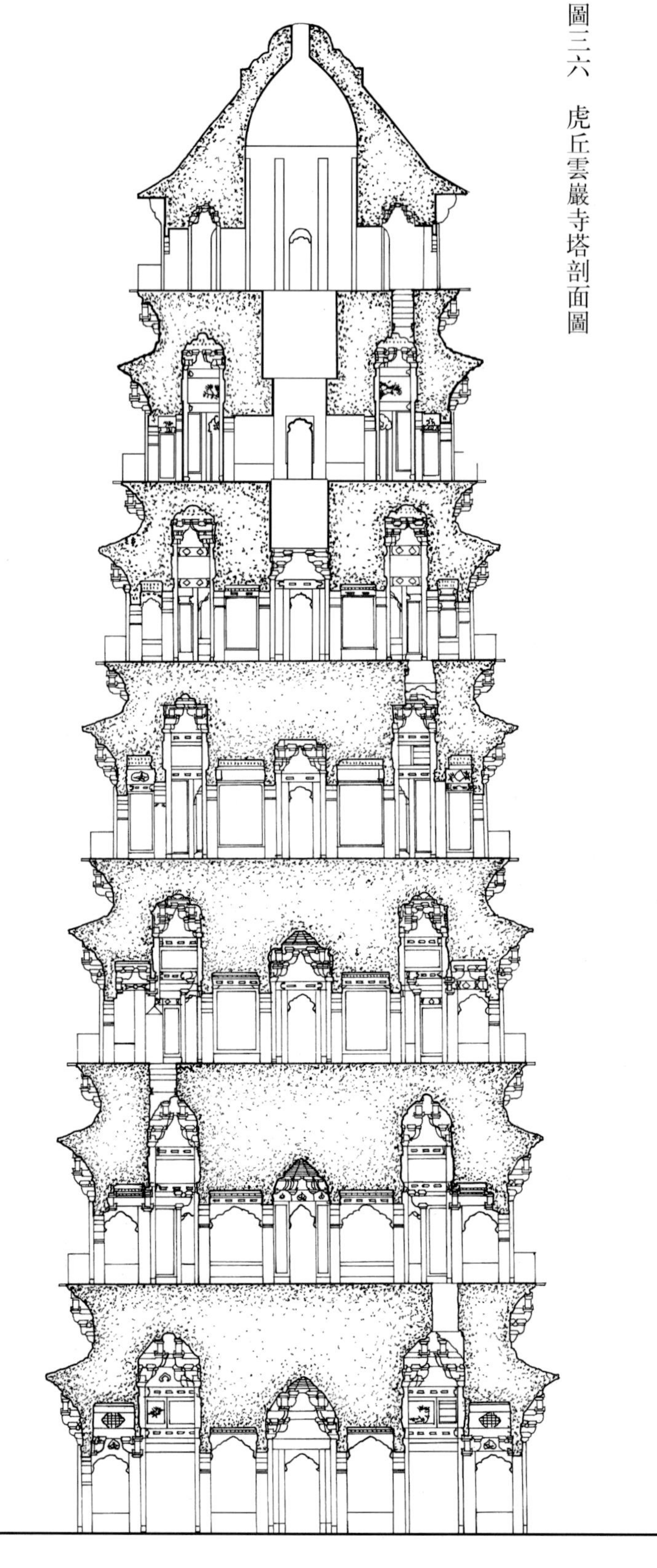

圖三六　虎丘雲巖寺塔剖面圖

圓券，五層以上為壺門式。塔的內廊設梯級，廊兩側壁面模倣木建築式樣隱出柱、額、斗栱。內廊樓面皆木構，以防沉陷不均。塔心室內設佛龕，壁上隱出柱、額、斗栱。

樓閣式石塔以開元寺雙塔為例。開元寺雙塔分別坐落在泉州市開元寺拜庭（主院）的兩側旁院內，東、西相距約二〇〇米。

東塔稱鎮國塔，唐咸通六年（公元八六五年）始建成，初為五層木塔，後毀於火。宋寶慶三年（公元一二二七年）改建為磚塔，七層。宋嘉熙二年至淳祐十年（公元一二三八至一二五〇年）重建，改為八角五層樓閣式倣木結構的石塔，保存至今。塔高四八·二四米。須彌座上有浮雕的蓮瓣、力神、釋迦牟尼本生故事。塔身每面都以槏柱劃分為三間，中間開門或龕，兩側雕天神像。每層開四門，設四龕，位置逐層互換。龕內有浮雕佛像，門龕兩壁雕有羅漢護法及佛教人物，共有浮雕八十尊。塔心為巨大實心柱，週圍有階梯，可攀登塔頂。塔身轉角都置圓倚柱，柱間有闌額無普柏枋。斗栱用五鋪作雙抄偷心造。補間鋪作在一、二層每面二朵，以上各層皆為一朵（圖三七、圖三八）。

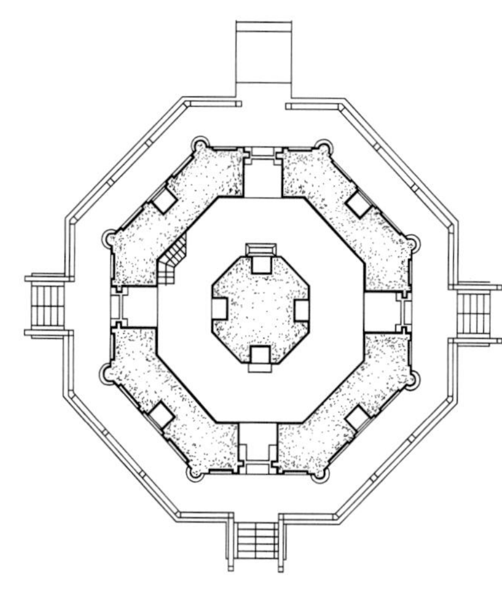

圖三七　泉州開元寺鎮國塔平面圖

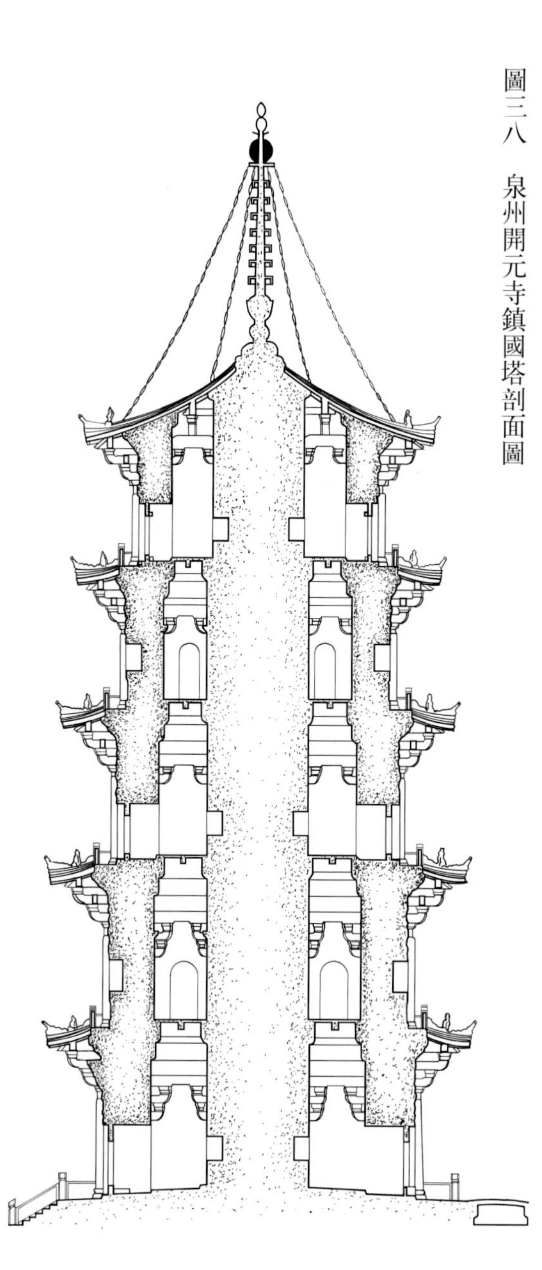

圖三八　泉州開元寺鎮國塔剖面圖

西塔即仁壽塔，始建於五代梁貞明二年（公元九一六年），初為七層木塔，後毀於火。宋寶慶年間改建為磚塔。宋紹定元年（公元一二二八年）至嘉熙元年（公元一二三七年）改建為石塔。西塔高四四·〇六米，外觀與東塔大致相同，但補間鋪作設置有異：下二層為二朵，上三層為一朵，而東塔五層補間鋪作均二朵。局部浮雕亦有不同，例如，基座上雕刻有禽獸和花卉圖案等。

（二）密檐塔　密檐塔底層較高，上施密檐五至十五層（一般七至十三層，用單數），後來有的雖可登臨，但因檐密窗小，又没有平座欄杆，觀覽效果遠不如樓閣式塔。建塔材料一般用磚、石。這類塔在中國最早的實例是北魏的河南登封縣嵩岳寺塔。遼金是它的盛期，元代以後建造不多。分佈地域以今日黄河以北至東北一帶為多。平面除嵩岳寺塔為十二邊形外，隋、唐多為正方形，遼、金多為八角形。遼、金的密檐塔在塔基和底層的裝飾十分華麗，除了隱出倚柱、闌額、斗栱、勾欄、門、窗外，還飾以天王、力神和各種裝飾紋彩，與北魏等早期較簡樸的形式有很大區别。

佛圖寺塔在雲南大理縣南十一公里羊皮村的佛圖寺。寺前為塔，塔西為山門、正殿及左右廊廡。

據縣誌及明嘉靖碑，此塔是在唐憲宗元和年間（公元八〇六至八二〇年），由南詔王勸利晟所建。塔平面正方形，磚造。磚的表面刻劃斜紋。塔身每面約寬四·五米，東面設門，門內為方形小室，直貫上部。塔背面嵌明萬曆三年（公元一五七五年）碑，記載建文、萬曆二代重修此塔事跡頗詳。塔身以上，構密檐十三重，皆以菱角牙子與疊澀組合而成，整體比例協調秀麗。詳部做法如檐的厚度自下而上逐層減薄，檐的兩端末形成顯著反翹，檐伸出較長凹入較大等等，均與中原唐塔十分接近。塔頂相輪、華蓋、寶珠等搭配層次與分件比例，則為明代以來南方通行式樣，是因後代修葺的緣故。

宏聖寺塔在大理縣西南，點蒼山龍泉峰下。宏聖寺俗稱一塔寺。塔建成於南詔末葉或大理國時期， 約為北宋年間（公元九六〇至一一二七年）。明代重修。寺東向，堂殿門廡毀於清咸豐年間，唯寺前磚塔幸存。宏聖寺塔係密檐式方塔，下有亂石砌臺基，東、南、北三面各飾以佛龕。塔身下部一米也用石砌，上面以紅泥砌磚，外塗白堊。塔身西面闢門，門上加石楣，雕琢佛像五尊，似明代匠人所刻。入門可至塔心方室，此室直達塔的上部。於第一層中央建塔心柱。塔的外部在塔身以上施密檐十六層，檐口挑出甚短，使整個塔形瘦聳。檐部結構及各層壁面上的圓券、小塔等，與崇聖寺千尋塔十分相似，但出檐所形成的外輪廓線較僵直。塔刹亦經過後代修補。

雲南大理崇聖寺俗稱三塔寺，位於大理古城西約一公里的蒼山應樂峰下，為南詔以來當地唯一巨刹。寺於清咸豐年間毀，唯塔幸存。這一組塔群由一座密檐式磚塔『千尋塔』和一對樓閣式磚塔組成。

千尋塔建於唐開成元年（公元八三六年），經明嘉靖、清乾隆二度重修。千尋塔為密檐式空心磚塔，平面方形，通高六九·一米，底邊寬九·九米，塔身下築方臺二重，上覆密檐十六重。塔內有螺旋木梯直達頂部。第二層以上，四面設龕，龕內各置一尊石佛，塔身灰漿以紅土為主，表面覆以石灰。塔磚上多模印梵文、古藏文經咒。是因為雲南古代篤信密教，崇奉真言之故。千尋塔後有雙塔，分峙南北，皆八角十層樓閣式空心磚塔，高四十三米，出檐作梟混曲線，浮刻山花蕉葉及寶相華、佛像等。平座飾蓮瓣，或施華栱一跳。塔身轉角處置圓倚柱。壁面上塑方形小塔，一層或三層不等，下承捲雲，依式樣結構似宋代所建。

（三） 金剛寶座塔

金剛寶座塔是在高臺上建塔五座，僅見於明、清二代，為數很少。北京大正覺寺塔是中國北方此類塔最早的例子。大正覺寺又稱五塔寺，建於明初，塔建於明成化九年（公元一四七三年）。此塔模倣印度的佛陀伽耶大塔，但在每個小塔的造型和細部上全用中國式樣。它是在由須彌座和五層佛龕組成的矩形高臺上，再建五座密檐方塔。臺座南面開一高大圓拱門，由此可循梯登臺。臺上中央的密檐塔較高，十三層；四

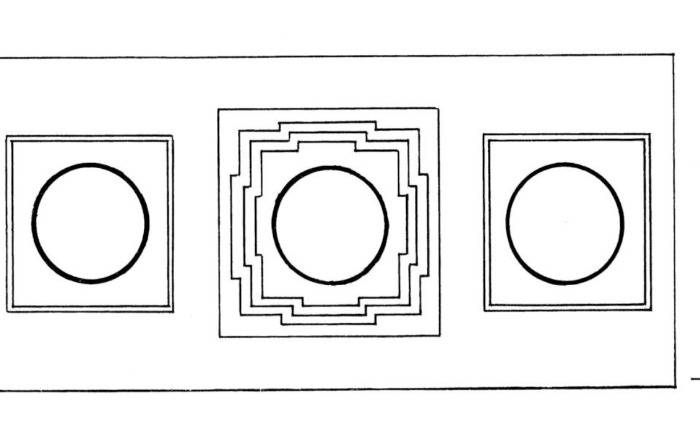

圖三九　昆明筇竹寺玄堅宗主塔平面及立面圖

角的較小，十一層。

昆明官渡妙湛寺山門外中軸線上的金剛寶座塔是南方地區的著名實例，也是國內唯一用砂石築成的金剛寶座塔。塔建於明英宗天順二年（公元一四五八年）。方形金剛式基座，高四．七米，邊長一〇．四米，臺面四週設石勾欄。基座中空，有十字貫通四道券門，故又稱穿心塔。與內地不同的是，正中主塔特雄偉，高一六．〇五米，四角小塔高五米，不成比例。中塔構造繁富，下為方形須彌座，束腰處隱起間柱，浮雕五座騎：獅子、象、馬、孔雀、迦樓羅。座上施金剛圈數層，上構覆缽，四面開眼光門（佛龕）。再上是塔脖子，上承十三天。塔刹有銅傘蓋，垂八鈴鐸。蓋面立銅鑄四天王。再上為石製圓光，四方有小風鈴。刹尖為寶瓶、寶珠。臺上四隅四座小塔的須彌座頗大，而覆缽較小。十三天以上部份與清代經幢、墓塔類似，是為後世改葺所致。

（四）喇嘛塔　喇嘛塔是喇嘛教的一種特殊的建築形式，與印度的『窣堵坡』很相近，一般由臺基、須彌座、塔身（又稱寶瓶或塔肚子）、塔脖子、十三天（即相輪）、金屬的寶蓋及頂上的寶珠組成。臺基和塔刹造型講究。喇嘛塔分佈地區以西藏、內蒙一帶為多，華北也不少，多作為寺的主塔或僧人墓塔，還有以過街塔形式出現的。內地喇嘛塔始見於元代，明代起塔身變高瘦，清代又添『眼光門』。

南方地區喇嘛塔不多見。

揚州蓮性寺白塔，建於清代乾隆年間（公元一七三六至一七九五年）。塔為覆缽式，總體造型與北京妙應寺白塔、北海白塔頗相似，但修長輕靈，具江南建築特徵。塔下為一長方形高臺，四週繞以護欄，有梯道轉折而上。臺中央須彌座以磚砌築，上面雕刻精美花紋。塔身作寶瓶形，較早期的覆缽塔身更顯俊秀。塔身上面有須彌座式刹座，上置十三層相輪，再上覆以金屬華蓋。刹頂冠以銅質葫蘆和寶珠，昔時鍍金，光彩奪目。此塔體形高大，可稱南方喇嘛塔之最。

雲南昆明筇竹寺後山上，有歷代主持僧的墓塔多座。其中元代（公元一二〇六至一三六八年）玄堅宗主塔，是建於石須彌座上的三座喇嘛塔。中央一座體量較大，須彌座與塔脖子平面皆作十字折角形，覆缽比例較短，形制做法與北方喇嘛塔很接近。左、右二塔的須彌座為正方形，塔頂無十三天及華蓋（圖三九）。

（五）寶篋印經塔　這種塔原是小型單層的，形式特殊。相傳五代時期吳越王錢氏倣照印度阿育王建造八万四千塔的故事，製作了八万四千小塔，作為藏經之處。因塔形似寶篋，內藏印經，故稱寶篋印經塔。唐宋時期將這種塔放置殿內或塔基地宮內，內藏舍利。

圖四〇　泉州開元寺寶篋印經塔立面圖

圖四一　普陀山多寶塔立面圖

宋元以後，一些寺廟中照此形式修建露天石塔，尺度仍不大，形式有所發展。

泉州開元寺大殿南面有開闊庭院，稱作拜庭。拜庭中軸線兩側，有若干小型石塔。近大殿月臺處，有寶篋印經塔二座分立兩側。二座塔皆方形，高約五米，塔身四面浮雕佛教故事圖案，四隅刻金翅大鵬鳥。銘文記載，南宋紹興十五年（公元一一四五年）建。另，在拜庭東南隅有方形多寶塔一座，高約三米，無銘文記年，從造型及紋飾看，應在南宋年間。這些石質方形小塔皆為室外寶篋印經塔的典型實例。開元寺還有若干圓形多寶塔，體量小巧，與上述相倣。例如：拜庭中部兩側分列圓形多寶塔八座，高度均三米左右，建於明代；大殿以北有多寶塔二座，甚精美，建於南宋年間。這些圓形小石塔的體量、造型、紋飾等與方形寶篋印經塔十分相近（圖四〇）。

普陀山普濟寺的多寶塔，在寺的東南隅，平面呈方形，凡三層，立於重臺之上。塔全高十五米許。臺基上下層均有明顯收分，週以石質勾欄。重臺之上為三層塔身，落於塔盤上。塔盤高一·四米，雕有雲海山紋。底層塔身為太湖石壁，二、三層用青石壘築。四壁各設一龕，中置佛像。二、三層各出平座，無腰檐。塔頂部疊澀出檐，上承方盤，盤四角作山花蕉葉，中央起方攢尖，狀若盝頂，頂上立刹。這座多寶塔的造型是寶篋印經塔結合

圖四二　西雙版納蘇曼滿寺塔平面及立面圖

中國傳統樓閣形式的一種發展（圖四一）。

（六）傣式塔　上座部佛教傳入雲南傣族等民族地區後，便出現了一批由傣族佛教徒修建的風格近似泰緬兩國的傣式塔，雲南或稱這類塔為『緬塔』。

傣式佛塔全為磚砌，小巧玲瓏，一般高僅數米，最高也祇十餘米，這樣的尺度使人感到親切，富於人情味。傣式塔分單塔和群塔兩種類型。其單體造型都有一個錐狀塔身和極尖的塔刹。傣語稱塔為『諾』，意即竹筍，道出了傣式塔的形體特徵（圖四二）。

曼飛龍佛塔，又稱曼飛龍塔群，是傣式佛塔中年代最早、規模最大的一組塔群。它位於雲南景洪縣大勐龍曼飛龍後山，由一座大塔和週圍八座小塔組成。塔群建築在三層蓮花須彌座上，座高三·九米，平面呈圓形，上面砌出八角，內含八個佛龕，龕上有蓮花裝飾。八角上的八座小塔，各高九·一米，中央大塔高一六·二九米。九塔均磚砌，圓形實心，外飾以植物膠砂漿，通體雪白。塔身均作覆缽式，塔刹由蓮花座、相輪、寶瓶組成，貼金。

曼飛龍佛塔的造型與東南亞各國的上座部佛塔類似，尤其與泰國北部的馬哈拉特塔造型相近。

傳説此塔是佛教傳入西雙版納最先建造的三塔之一，塔的式樣由印度僧人設計，由勐龍頭人古巴南批等人主持建造。據西雙版納傣文經典記載，塔建於公元一二〇四年，時當南宋寧宗嘉泰末年，或大理國段智廉元壽年間，這顯然是太早了。

（七）經幢　經幢是刻有佛號或經咒的圓柱形或八角形石柱，用以宣揚佛法的紀念性建築物。經幢是在唐代隨著密宗傳入而產生的，到宋、遼時頗為發展，以後又少見。一般由基座、幢身、幢頂三部份組成。經幢由單層始而向多層發展，雕刻日趨華美。由唐經五代至北宋，經幢的發展達到高峰。

佛教有日誦陀羅尼經可消災造福、超度亡靈之説，後來信徒們將經文刻於經幢上以代誦念。經幢多建於寺內佛殿的前面，也有在市鎮顯要位置單獨建造的。松江陀羅尼經幢位於上海市松江縣松江鎮中山東路小學內，此處原是華亭縣衙前十字街口。該經幢始建於唐大中十三年（公元八五九年），據題記稱，是信佛者集資所造。幢高九·二米，由二十一級石構件壘疊而成，矗立在側磚砌成的八角形地坪上。基座和臺階用青石砌築，其上各級分別以托座、束腰、圓柱、華蓋、腰檐等形式疊成。各級平面形式大部份作八角形。自下而上，第一級為海水紋座，刻波濤捲浪；第二級圓形盤龍束腰，刻群龍穿鑿於洞窟；第三級蓮瓣捲雲臺座，分上下斜面和中間側面，刻捲雲、佛山及殿宇、單瓣仰蓮；第四級蹲獅浮雕，八面束腰每面一獅，前足挺立，突胸；第五級唐草紋仰蓮座，上斜面陰刻花草纏枝牡丹，下斜面刻蓮瓣；第六級菩薩浮雕束腰，每面鐫如意頭式壼門，門內有結跏趺坐菩薩像；第七級疊澀，無雕飾；第八級勾欄幢座，每角立望柱，兩柱間鐫勾片紋的石欄板；第九級為幢身下段，直徑七十六厘米，高四十六厘米，刻捐助錢物人姓氏；第十級為幢身上段，直徑七十六厘米，高一七七厘米，鐫佛頂尊勝陀羅尼經文並序；第十一級獅首華蓋，每角上有獅首，口含瓔珞；第十二級連珠，雙半球，刻蓮花和如意紋；第十三級捲雲紋托座，仰盤式，鐫捲雲；第十四級四天王浮雕，東南西北四面各刻横眉怒目的天王像；第十五級八角腰檐，翼角起翹，角端雕如意紋；第十六級蟠龍圓柱；第十七級仰蓮托座，作蓮瓣盛開狀；第十八級底座，上下疊合；第十九級禮佛圖浮雕，刻佛像、菩薩、供養人等十六尊；第二十級八角攢尖蓋，分上下兩層，均有翹角；第二十一級棱形平蓋，素面，無雕刻。整個經幢雕飾形象豐滿，頗具盛唐風格。

雲南昆明地藏寺石經幢，又稱大理國經幢，是雲南唯一的一座宋代石幢，雕刻精美，有『滇中極品』之譽。地藏寺石經幢八面七級，由五段砂石組成，高六·五米，滿雕密教佛、菩薩及天龍八部共三百軀。大像約一米，小像不足三厘米，刀法細膩，形象生動。石幢有鼓形基座，浮雕八大龍王及雲海。第一層高雕四天王，雄健軒昂。在四天王身後幢身及界石上，楷書陰刻《造幢記》、《般若波羅密多心經》、《大日尊發願》、《發四宏誓願》以及用古藏文陰刻的《尊勝陀羅尼經咒》。第二層雕四龕佛及其弟子、菩薩、天王。第三

圖四三　昆明地藏寺經幢立面圖（王雷　繪）

層為四大菩薩龕。第四層為四方佛。第五層為圓雕四隻迦樓羅（金翅鳥）。滇人崇祀迦樓羅，是企望鎮住水患。第六層雕金剛界五智如來。四面雲中各雕歇山式殿堂一座，檐下施十字斗栱。梁架結構、屋檐瓦作皆清晰可辨。第七層四面四龕，龕內主神為尊勝佛母。雲南阿吒力密教崇奉女神，以佛母為尊（圖四三）。

主要參考文獻

一　劉敦楨文集．北京：中國建築工業出版社
二　梁思成文集．北京：中國建築工業出版社
三　劉敦楨．中國古代建築史．北京：中國建築工業出版社
四　任繼愈主編．中國佛教史．北京：中國社會科學出版社
五　段啟明　戴晨京　何虎生．中國佛寺道觀．北京：中共中央黨校出版社
六　魏承思．中國佛教文化論稿．上海：上海人民出版社
七　方立天．中國佛教與傳統文化．上海：上海人民出版社
八　趙振武　丁承樸．普陀山古建築．北京：中國建築工業出版社
九　鄒啟宇主編．雲南佛教藝術．昆明：雲南教育出版社
一〇　段玉明．西南寺廟文化．昆明：雲南教育出版社
一一　杜仙洲　方擁　主編．泉州古建築．天津：天津科學技術出版社

圖版

一　靈谷寺無量殿

三　靈谷寺無量殿檐部

四　靈谷寺無量殿圓拱窗

二　靈谷寺無量殿下檐屋角

五　棲霞寺山門

六　棲霞寺毗盧殿

七　棲霞寺舍利塔

八　棲霞寺舍利塔首層

九　棲霞寺舍利塔上部

一〇　金山江天寺全景（後頁）

一一　江天寺牌坊

一二　江天寺御碑亭

一三　江天寺慈壽塔

一四　蓮性寺白塔（後頁）

一五　蓮性寺白塔須彌座

一六　蓮性寺白塔寶瓶

一七　蓮性寺白塔塔刹

一八　寒山寺大雄寶殿（後頁）

大

二〇　寒山寺寒拾殿

二一　寒山寺南側庭院
二二　雲巖寺塔（後頁）

一九　寒山寺鐘樓

二三　雲巖寺塔首層

二四　雲巖寺塔塔身局部

二五　北寺塔

二六　北寺塔下部

二七　北寺塔塔身局部

二八　北寺塔塔刹

二九　羅漢院雙塔

三〇　羅漢院雙塔之東塔下部

三一　羅漢院雙塔之東塔頂部

三二　崇教興福寺塔

三三　崇教興福寺塔首層

三四　崇教興福寺塔細部

三五　興福寺山門

三六　興福寺天王殿

三七　興福寺大雄寶殿

三八　興福寺西部園林

三九　龍華塔

四〇　龍華塔第二、三層

四一　龍華塔頂部

四二　龍華寺天王殿

四三　龍華寺鐘樓

四四　龍華寺大雄寶殿

四五　龍華寺三聖殿

四六　真如寺大殿

四八　真如寺大殿柱頭科、平身科斗栱

四七　真如寺大殿角科斗栱

四九　南翔磚塔

五○　南翔磚塔壼門

五一　南翔磚塔第二層檐部

五二　南翔磚塔第二層平座

五四　興聖教寺塔第二、三、四層塔身

五五　興聖教寺塔頂部

五三　興聖教寺塔

五六　松江陀羅尼經幢

五七　松江陀羅尼經幢基座

五八　松江陀羅尼經幢中部

六〇　靈隱寺天王殿（王大中 攝影）

六一　靈隱寺大雄寶殿（田陽 攝影）（後頁）

五九　松江陀羅尼經幢頂部

大

六二　靈隱寺雙石塔（王大中 攝影）

六三　靈隱寺經幢

六四　靈隱寺飛來峰彌勒佛像

六五　六和塔

六六　六和塔下部

六七　六和塔首層内廊

六八　六和塔第十三層塔心柱

六九　閘口白塔

七一　閘口白塔中部

七〇　閘口白塔上部

七二　閘口白塔下部

七三　飛英塔

七四　飛英塔頂部

七五　飛英塔第二、三層

七六　飛英塔首層角科斗栱

七七　飛英塔首層柱頭科斗栱

七八　天童寺放生池

七九　天童寺天王殿（韦陀殿）

八〇　天童寺天王殿後之抱厦天花

八一　天童寺佛殿

八二　阿育王寺鳥瞰（後頁）

八三　阿育王寺放生池、天王殿

天王殿

八四　阿育王寺舍利殿

八五　普濟寺海印池

八六　普濟寺前多寶塔

八七　普濟寺山門（御碑殿）

八八　普濟寺山門藻井

八九　普濟寺鼓樓

九〇　普濟寺天王殿

九一　普濟寺圓通殿

九二　普濟寺圓通殿觀音像
九三　法雨寺天后閣（後頁）

九四　法雨寺天王殿

九五　法雨寺鐘樓

九六　法雨寺圓通殿

九七　法雨寺圓通殿觀音像

九八　慧濟寺鳥瞰（後頁）

九九　慧濟寺大雄寶殿

一〇〇　保國寺山門

一〇一　保國寺大雄寶殿

一〇二　保國寺大雄寶殿前槽角部

一〇三　保國寺大雄寶殿内槽梁架

一〇四　保國寺大雄寶殿内槽瓜輪柱

一〇五　保國寺大雄寶殿明間前槽藻井

一〇六　國清寺鼓樓

一〇七　國清寺彌勒殿

國清寺

一〇八　國清寺雨花殿

一〇九　國清寺大雄寶殿

一一〇　國清寺魚樂園放生池

一一一　神光嶺肉身寶殿全景
一一二　肉身寶殿（後頁）

一一四　肉身寶殿天鐘橋

一一三　肉身寶殿柱頭

一一五　化城寺山門（靈官殿）

一一六　化城寺大雄寶殿

一一七　化城寺大雄寶殿藻井

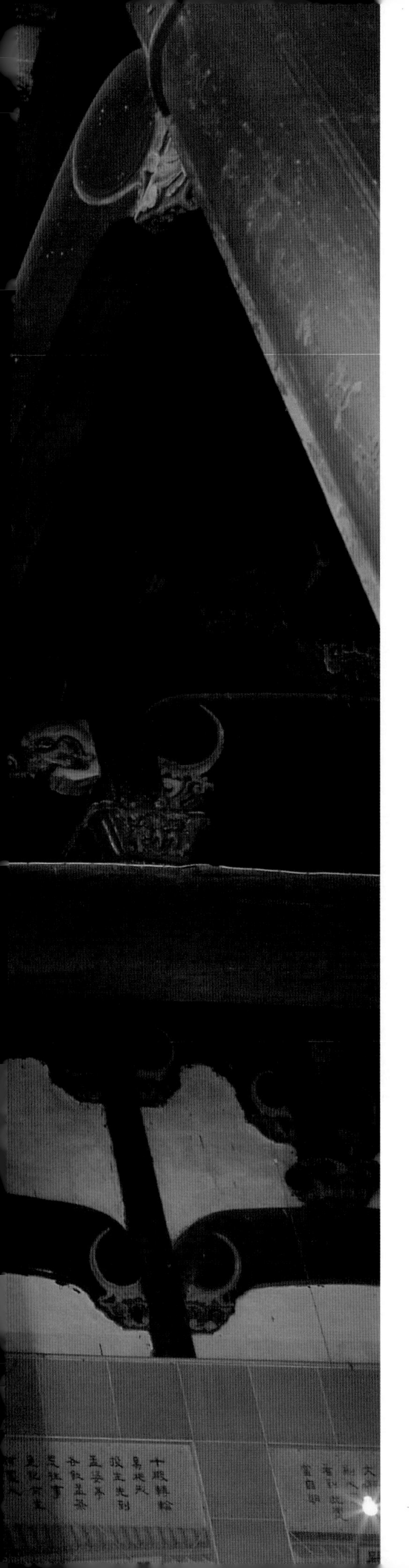

一一八　化城寺大雄寶殿前廊軒

一一九　祇園寺山門（靈官殿）

一二〇　祇園寺天王殿

一二一　開元寺大雄寶殿

一二二　開元寺大雄寶殿翼角

一二三　開元寺大雄寶殿樑架

一二四　開元寺大雄寶殿飛天樂伎

一二五　開元寺拜庭東北隅寶篋印經塔

一二六　開元寺戒壇

一二八　開元寺鎮國塔首層

一二九　開元寺鎮國塔須彌座

一二七　開元寺鎮國塔

一三〇　開元寺鎮國塔首層内部

一三一　開元寺鎮國塔第四層檐部

一三二　開元寺仁壽塔

一三三　開元寺仁壽塔首層補間鋪作

一三四　開元寺仁壽塔首層轉角鋪作

一三五　崇妙保聖堅牢塔

一三六　崇妙保聖堅牢塔須彌座

一三七　崇妙保聖堅牢塔第二層檐部及平座

一三八　華林寺大殿

一三九　華林寺大殿外檐斗栱

一四〇　華林寺大殿后槽梁架

一四一　華林寺大殿轉角梁架

一四二　六榕寺花塔

一四三　光孝寺大雄寶殿

一四四　光孝寺六祖殿

一四五　光孝寺瘗髮塔

一四六　光孝寺伽藍殿

一四七　光孝寺地藏殿

地藏殿
方知自己是如来善因缘

一四八　報國寺大雄寶殿

法演三乘

一四九　報國寺七佛殿

一五〇　萬年寺鐘樓

一五一　萬年寺無樑殿

一五二　萬年寺大雄寶殿

一五三　凌雲寺山門

一五四　凌雲寺鼓亭

一五五　凌雲寺大雄寶殿

一五六　凌雲寺藏經樓

五七　凌雲寺塔

一五八　樂山大佛

一五九　烏尤寺天王殿

一六〇　烏尤寺觀音殿

一六一　烏尤寺大雄寶殿

一六二　報恩寺山門

一六三　報恩寺天王殿

一六四　報恩寺大雄寶殿

一六五　報恩寺華嚴藏

一六六　報恩寺萬佛閣

一六七　寶光寺七佛殿

一六八　寶光寺大雄寶殿

一六九　寶光寺藏經樓

一七〇　寶光寺羅漢堂千手觀音

舍利寶塔
光明藏
寺鎮牟尼青色寶
山藏舍利紫霞光

一七二　大佛寺

一七三　大佛寺劍亭

一七一　寶光寺

一七四　大佛寺大佛殿

一七五　圆通寺八角亭

一七六　圆通寺圆通殿

一七七　圆通寺圆通殿下檐斗栱

一七八　筇竹寺大雄寶殿

一七九　筇竹寺華嚴閣

一八〇　常樂寺塔

一八一　慧光寺塔

一八四　妙湛寺金剛寶座塔四隅小塔之一

一八三　妙湛寺金剛寶座塔主塔

一八二　妙湛寺金剛寶座

一八五　崇聖寺三塔

一八六　崇聖寺千尋塔
一八七　崇聖寺東塔（後頁）

一八九　佛圖寺塔

一八八　崇聖寺西塔（前頁）

九○　宏聖寺塔

一九一　西雙版納曼春滿寺

一九二　西雙版納傣式佛殿之一

一九三　西雙版納傣式佛殿之二

一九四　西雙版納傣式佛殿之三

一九五　西雙版納曼飛龍佛塔

一九六　西雙版納曼飛龍公塔

一九七　西雙版納景真八角亭

圖版說明

一 靈谷寺無量殿

靈谷寺在南京市東北郊鍾山左獨龍崗。梁天監十三年葬寶志法師於山南玩珠峰前，建有開善精舍及五重塔。明洪武十四年（一三八一年）遷於今址，改名靈谷寺，賜額『第一禪林』。當時的靈谷寺規模宏偉，入山門有松逕五里，古稱『靈谷深松』，寺內主要建築有放生池、金剛殿、天王殿、無量殿、五方殿、毗盧殿、觀音閣等殿宇。古靈谷寺如今僅存放生池和無量殿，尚為明時舊物。

二 靈谷寺無量殿下檐屋角

無量殿重檐歇山頂，高二十二米，東西五三·八米，南北三七·八米，正面五間，進深三間。屋角結構及檐部做法均為磚石倣木。

三 靈谷寺無量殿檐部

無量殿牆體與拱券全部用磚砌成，上部拱券呈半圓形，組成屋頂結構的主體，不施一木，故又稱無樑殿，是為保存久遠的原因所在。寺內其它明代建築皆已蕩然無存。

四　靈谷寺無量殿圓拱窗

清咸豐年間，靈谷寺遭到嚴重破壞，無量殿則因磚砌而未毀。殿的木門窗為後代修葺所做。寺西側原有禪堂、客室、方丈室等，東側原有琵琶街以踏地或鼓掌皆有山谷回聲而得名。北伐戰爭後在古靈谷寺舊址建烈士陵園，中軸線上依次為『靈谷深松』石牌坊、無量殿、松風閣、靈谷塔。今之靈谷寺在古靈谷寺中軸線以東，為晚近之物。

五　棲霞寺山門

棲霞寺位於南京市東北郊棲霞山，始建於南齊永明七年（四八九年），初名棲霞精舍。唐時改名功德寺，五代十國時改為妙因寺，宋代更名普雲寺、棲霞寺、崇報寺、虎穴寺。明洪武五年（一三七二年）復稱棲霞寺。

六　棲霞寺毗盧殿

清咸豐五年（一八五五年）棲霞寺毀于兵火，現存木構建築如山門、天王殿、毗盧殿、藏經樓、攝翠樓等，多為清光緒三十四年（一九〇八年）重建及以後擴建。

七　棲霞寺舍利塔

舍利塔位於棲霞寺東面，建於五代南唐（九三七至九七五年），為倣木構磚石密檐塔的最早遺物。塔八角五級，高約十五米。基座圍以勾片造石欄杆，為近年倣照發掘五代原物復原。塔後山崖間，有齊、梁年間開鑿的千佛巖。

八　棲霞寺舍利塔首層

舍利塔基座地面雕刻海水及龍、鳳、魚、蝦等圖形。基座上面是覆蓮、須彌座和仰蓮承受塔身。須彌座束腰的八面石板浮雕釋迦八相，角石均刻力士負重。第一層塔身特別高，正面（東南）及背面（西北）雕版門，東北及西南為文殊（已毀）及普賢像，其餘四面為天王像。

九　棲霞寺舍利塔上部

舍利塔身以上為密檐五級，其間刻有小佛龕。各層檐倣木構瓦面，角梁端有環繫鈴鐸。塔頂原為金屬刹，有鐵鏈引向脊端垂獸背上鐵環，後世改用數層石雕蓮花疊成的寶頂。

一〇 金山江天寺全景

江天寺俗稱金山寺，位於鎮江市西北的金山（古名浮玉山）西麓上，創建於東晉（三一七至四二〇年），原名澤心寺，宋祥符中改龍遊寺，清康熙始有今名。

一一 江天寺牌坊

江天寺依山而建，殿宇樓堂從山腳到山頂呈階梯層疊狀。寺前有八字牆及三間三樓石牌坊。自牌坊入內，主要建築有：天王殿、大雄寶殿（一九四八年毀於火，一九八〇年重建）、藏經樓、念佛堂、留宿處、方丈堂、伽藍殿、祖師殿、華藏樓、枕紅樓、觀瀾堂、永安堂、海岳樓等。

一二 江天寺御碑亭

金山上峰崖洞壑甚多，其中以妙高峰最高，峰上建『留雲亭』。因有康熙題字『江天一覽』刻於碑上，故又稱『御碑亭』。東有蘇東坡抄寫佛經的楞伽臺。著名的法海洞在頭陀崖下，法海洞為『四大名洞』（另，白龍洞、朝陽洞、仙人洞）之最，洞中供奉法海和尚石像。

一三　江天寺慈壽塔

慈壽塔位於山巔北側，最早建於南朝齊梁時代，原為兩座寶塔，南北相對而立，後傾，宋、明、清朝屢有重建或修葺。現存的八面七級樓閣式磚身木塔是清光緒二十六年（一九〇〇年）建造的，每級四面開門，設平座，有樓梯盤旋而上。

一四　蓮性寺白塔

揚州蓮性寺白塔，建於清代乾隆年間（公元一七三六至一七九五年）。塔為覆缽式，總體造型與北京妙應寺白塔、北海白塔頗相似，但修長輕靈，具江南建築特徵。

一五　蓮性寺白塔須彌座

蓮性寺白塔下面為一長方形高臺，四週繞以護欄，有梯道轉折而上。臺中央須彌座以磚砌築，上面雕刻精美花紋。

一六　蓮性寺白塔寶瓶

蓮性寺白塔之塔身作寶瓶形，較早期的覆缽塔身更顯俊秀。塔身上面有須彌座式剎座，上置十三層相輪，再上均以金屬製作。

一七　蓮性寺白塔塔剎

在須彌座式剎座以上，依次為十三層相輪、金屬華蓋、剎頂。剎頂為銅質葫蘆和寶珠，昔時鍍金，光彩奪目。此塔體形高大，可稱南方喇嘛塔之最。

一八　寒山寺大雄寶殿

寒山寺在江蘇省蘇州城西楓橋鎮上，古運河邊，原名『妙利普明塔院』，又稱楓橋寺。寺始建於南朝梁天監年間（五〇二至五一九年）。唐代貞觀年間（六二七至六四九年）高僧寒山、拾得曾在此主持，後人遂將寒山為寺名。該寺屢經興廢，現存殿宇為清光緒至宣統年間（一八七五至一九一一年）重建。寺坐東朝西，中軸線上自西向東依次為：照壁、山門（天王殿）、大雄寶殿、寒拾殿（上為藏經樓）、塔院。大雄寶殿在山門之後。山門面闊三間，硬山造，大雄寶殿亦面闊三間，單檐歇山造。殿前二側置偏殿，分別供奉木雕金身五百羅漢像和寒山、拾得像。

一九　寒山寺鐘樓

大雄寶殿與寒拾殿（藏經樓）之間於左側置長廊，廊末端有鐘樓。寒山寺唐代古鐘早年失傳，明嘉靖年間重鑄一鐘，相傳已流入日本。現鐘樓上的銅鐘是清光緒三十年（一九〇四年）重修寒山寺時所鑄。

二〇　寒山寺寒拾殿

大雄寶殿後為寒拾殿，樓上為藏經樓。樓下四壁嵌有宋人寫的『金剛經』碑以及多手觀音像碑等。

二一　寒山寺南側庭院

寒山寺天王殿南側有一旁院。院中，東有碑廊和羅漢堂，西為楓江樓。樓的四週，竹石林木佈局秀雅，為蘇州園林與佛家園林結合之佳例。

二二　雲巖寺塔

雲巖寺塔又稱虎丘塔，位於江蘇省蘇州城西北虎丘山頂，始建於五代周顯德六年（九五九年），落成於北宋建隆二年（九六一年）。據史籍記載，從南宋建炎元年（一一二七年）到清咸豐十年（一八六〇年），塔遭七次火焚，屢經修繕。現存磚砌塔身平面正八邊形，七層，高四七·七米，為倣樓閣式磚塔。各層高度並非有規律遞減，頗為奇特。

二三　雲巖寺塔首層

雲巖寺塔之塔身外壁各層轉角處砌圓柱，每面三間，中為壼門，左右為磚砌直櫺窗。柱上施闌額，無普柏枋，額上施斗栱以承塔檐。每層塔檐上面有磚木混合建造的斗栱和磚造的平座、勾欄。

二四　雲巖寺塔塔身局部

雲巖寺塔一至四層檐下斗栱用五鋪作出雙抄，第五、六層用四鋪作單抄。補間斗栱每面二朵，但第七層衹補間一朵。平座斗栱較腰檐減一跳。塔身由外壁、迴廊、塔心三部份組成。塔心壁亦是正八邊形，內有小室，小室平面除第二、第七兩層為正八邊形外，其餘各層均為正方形。

在中國倣木構的樓閣式磚石塔中，用雙層塔壁的以此塔為最早，各層內部走道已用磚拱券。

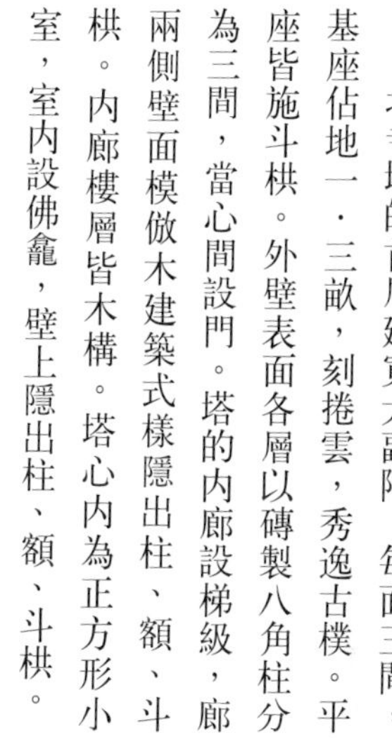

二五　北寺塔

北寺塔又稱報恩寺塔，位於江蘇省蘇州市人民路。塔建於南宋紹興年間（公元一一三一至一一六二年），八角九層，高七十六米。塔為木外廊磚塔身，採用磚砌『雙套筒』的結構形式。

二六　北寺塔下部

北寺塔的首層建寬大副階，每面三間，基座佔地一·三畝，刻捲雲，秀逸古樸。平座皆施斗栱。外壁表面各層以磚製八角柱分為三間，當心間設門。塔的內廊設梯級，廊兩側壁面模倣木建築式樣隱出柱、額、斗栱。內廊樓層皆木構。塔心內為正方形小室，室內設佛龕，壁上隱出柱、額、斗栱。

二七　北寺塔塔身局部

北寺塔塔身每層施平座腰檐，最外為外廊，次為外壁，其內設內廊，再裏面為內壁圍成的塔心室，供奉佛像。

二八　北寺塔塔刹

據考北寺塔六層以下磚砌體為宋代遺物，七層以上可能是明代重修。各層木構外廊和底層的副階則為清末晚近之作。

二九　羅漢院雙塔

羅漢院雙塔位於江蘇省蘇州市城東定慧寺巷，唐咸通年間（八六〇至八七三年）在此建有壽寧寺，五代吳越時改稱『羅漢院』。宋太平興國七年（九八二年）重修羅漢院殿宇時增建雙塔。清咸豐十年（一八六〇年）寺院毀於戰火而雙塔僅存。雙塔為樓閣式倣木構磚塔，兩塔相距十四米，建築形式完全相同，坐東的名舍利塔，坐西的名功德塔。塔內小室僅第二層為八角形，餘皆方形，並各層依次轉換四十五度角，因此各層門窗位置也隨著變化。

三〇　羅漢院雙塔之東塔下部

羅漢院雙塔高三十四米，七層，每層腰檐較淺，微微反翹，皆用磚砌疊出，下面有斗栱承托，腰檐以上仍以疊澀磚及少數磚製櫨斗、替木構成平座。

三一　羅漢院雙塔之東塔頂部

雙塔頂部的塔刹，皆以木為杆，有覆缽、相輪、寶蓋、圓光等。雖屢經後代修葺，仍大致保持宋初原形。

三二　崇教興福寺塔

崇教興福寺塔俗稱『方塔』，在常熟城東賓陽門内塔弄。塔始建於南宋建炎四年（一一三〇年），未能竣工，咸淳年間（一二六五至一二七四年）又將塔原構拆去，重建九層塔，保留至今。咸淳年間塔建成時，近旁有崇教興福寺，塔遂屬寺。寺至清末塌圮殆盡，唯塔留存。

三三　崇教興福寺塔首層

塔平面方形，九層樓閣式，高六七・一四米，塔身磚砌，每層匝繞木構平座、腰檐，最上以盝形頂承塔刹。每面三間，中間開門，二側隱出直櫺窗，轉角做圓倚柱，柱上施圓斗，以斗栱承飛檐。

三四　崇教興福寺塔細部

塔內有室，除底層為八角外，其餘各層均為方形。塔的整體造型在層高與寬度上皆逐層遞減，顯得清秀平穩。

三五　興福寺山門

興福寺位於常熟市郊虞山北麓，初名大慈寺，始建於南宋延興至中興年間（四九四至五〇二年），南朝梁大同五年（五三九年）大修時易名興福寺。又名破山寺。

三六　興福寺天王殿

興福寺的總體佈局古貌猶存，分為中、東、西三部份，但寺內建築除天王殿為明代遺物，餘皆清代及晚近之作。

三七　興福寺大雄寶殿

寺的中部面積並不寬大，佈置佛殿建築群，院落方正，層層遞進，中軸線上依次為山門、天王殿、三佛殿、大雄寶殿；東、西兩部份面積較大，僧舍在東，齋堂在西，是僧人修行生活的主要場所。

三八　興福寺西部園林

寺的西部為園林區，有鐘亭、對月亭、印心石屋、龍華説法處、水榭等景點小築，以及精心配置的林木花竹等。東部建築較多，有若干封閉式院落組合起來，由南至北延伸進去，中軸線上有白蓮池（放生池）、救虎閣、佛堂、四高僧殿、藏經樓等。

三九　龍華塔

現存龍華塔建於宋太平興國二年（九七七年），明清兩代曾多次修繕致使外觀面目全非。一九五三年經過科學鑒定和修繕，恢復了宋塔舊貌。

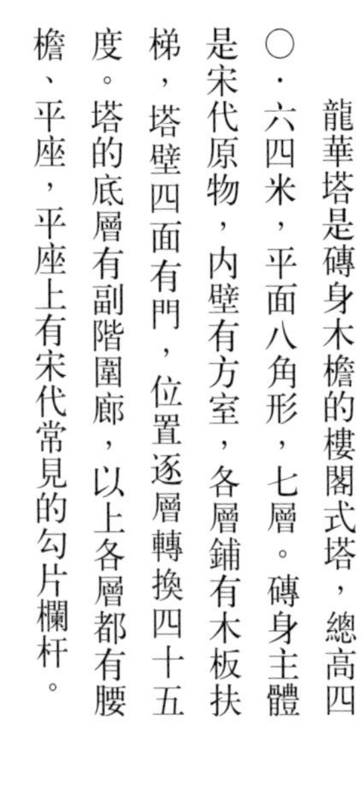

四〇　龍華塔第二、三層

龍華塔是磚身木檐的樓閣式塔，總高四〇．六四米，平面八角形，七層。磚身主體是宋代原物，內壁有方室，各層鋪有木板扶梯，塔壁四面有門，位置逐層轉換四十五度。塔的底層有副階圍廊，以上各層都有腰檐、平座，平座上有宋代常見的勾片欄杆。

四一　龍華塔頂部

四二　龍華寺天王殿

龍華寺位於上海市南郊龍華鎮。相傳該寺創建於三國東吳孫權赤烏五年（二四二年），一說建於唐垂拱三年（六八七年）。宋元明清歷代屢有興廢。現存建築為清光緒元年（一八七五年）重建，其佈局仍保持宋代舊制。山門前有龍華塔。

四三　龍華寺鐘樓

進入山門後南北中軸線上建有彌勒殿、天王殿、大雄寶殿、三聖殿、方丈室五進殿宇，天王殿東西兩側有鐘樓、鼓樓。中軸線東側有僧寮、齋堂等，西側有玉佛殿、觀音殿、念佛堂等。鐘、鼓樓為清代遺構，歇山三重檐。鐘樓上懸掛著一口清光緒二十年（一八九四年）鑄造的青龍銅鐘，重一萬三千斤。

四四　龍華寺大雄寶殿

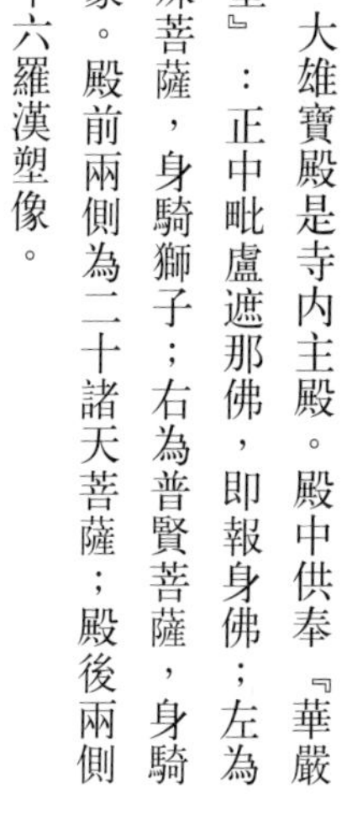

大雄寶殿是寺內主殿。殿中供奉『華嚴三聖』：正中毗盧遮那佛，即報身佛；左為文殊菩薩，身騎獅子；右為普賢菩薩，身騎白象。殿前兩側為二十諸天菩薩；殿後兩側為十六羅漢塑像。

四五　龍華寺三聖殿

三聖殿是一九八三年重修的殿堂。殿內供奉『西方三聖』：中為接引佛阿彌陀佛，左為觀音菩薩，右為大勢至菩薩。

四六　真如寺大殿

真如寺位於上海市真如鎮，俗稱大寺。初建於宋，原名萬壽寺，原址官場。元延祐七年（一三二〇年）寺從原址遷至桃樹浦，改名真如寺，鎮因寺得名。現存真如寺大殿為當時原構，是上海地區遺存最早的木構建築。

四七　真如寺大殿角科斗栱

真如寺大殿面闊三間，進深三間，平面方形，單檐歇山頂。大殿的樑、柱、枋、斗栱等主體結構，以及其餘大部份構件皆為元代之物。中國元代的佛教寺院建築不多，真如寺內的元建大殿為保存至今的少數實物之一。

四八　真如寺大殿柱頭科、平身科斗栱

真如寺大殿檐部用四鋪作單昂斗栱，柱頭有捲殺，柱子有側腳，素覆盆柱礎，上施石櫍。在明間內額下，貼有小枋一條，枋底用雙鉤陰刻『大元歲次庚申延祐七年癸未季夏月乙巳二十乙日巽時鼎建』二十六字。為了室內觀瞻在前後金柱上構人字形假屋一層，上為草架，其下襻間與月樑製作工整，為江南民間廳堂常用手法。

四九　南翔磚塔

南翔寺磚塔在上海市嘉定區南翔鎮香花橋，雙塔相峙于該鎮大街東西兩側，為南翔寺遺跡。相傳寺建於梁天監年間（公元五〇二至五一九年），唐天成年間（公元八三六至八四〇年）擴建，宋代香火漸盛。明代以後，商業繁榮，形成大鎮。清康熙三十九年（公元一七〇〇年）玄燁南巡，賜御筆『雲翔寺』額。寺後毀，磚塔猶存。

五〇　南翔磚塔壺門

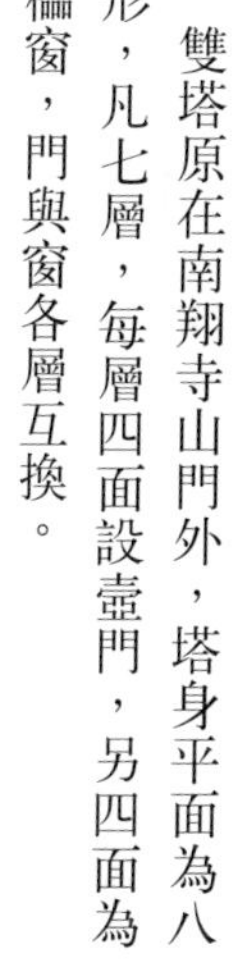

雙塔原在南翔寺山門外，塔身平面為八角形，凡七層，每層四面設壺門，另四面為直櫺窗，門與窗各層互換。

五一　南翔磚塔第二層檐部

該雙塔全部為磚結構，倣木塔形制，七級八面，底層直徑一．八六米，總高十一米。檐下施斗栱並出昂，各構件以磚代木，尺度比例一絲不苟。

五二　南翔磚塔第二層平座

雙塔之各層均有腰檐平座，皆以磚雕，製作精細。塔的建造年代無記載。從塔的形制看，具五代至北宋特徵。由於兩座磚塔年久風化，於本世紀八十年代重修。修復後的磚塔基座低於週圍地面一米許，仍保持原位置，四週加鋪石板地坪，並置石欄。

五三　興聖教寺塔

興聖教寺塔，在松江縣城東南三公街，俗稱松江方塔。據《興聖教寺記》記載，塔建於北宋元祐年間（一〇八六至一〇九四年），後經曆代修葺。一九七六年大修，修繕中充分利用原有構件以保持宋代風格。今方塔週圍已建方塔園。

五四　興聖教寺塔第二、三、四層塔身

興聖教寺塔平面正方形，九層，總高四八·五米，磚身木檐，各層鋪木樓板。這種方形平面、空筒形塔身，是唐塔形制的延續。塔身構件頗具宋代風格。塔的各層腰檐及平座皆由斗栱支撐，塔身內外共有斗栱一七七朵，其中一一〇朵是宋代原物。斗栱構件皆楠木製作。

五五　興聖教寺塔頂部

興聖教寺塔之塔刹鐵製，由覆盤、相輪、葫蘆、浪風索等部份組成，高七·八五米。這些鐵件套在一根長十三米的木柱上，木柱豎立在塔的第八層樓板上，穿過屋頂，頂著塔刹。

五六　松江陀羅尼經幢

松江陀羅尼經幢位於上海市松江縣松江鎮中山東路小學內，建於唐大中十三年（公元八五九年）。經幢高九·三米，現存二十一級，矗立在八角形以側磚砌成的地坪上。

五七　松江陀羅尼經幢基座

經幢基座和臺階以青石砌築，其上各級分別以托座、束腰、圓柱、華蓋、腰檐等形式疊成。各級平面形式大部份作八角形。自下而上，第一級為海水紋座，刻波濤捲浪；第二級圓形盤龍束腰；第三級蓮瓣捲雲臺座；第四級蹲獅浮雕。

五八　松江陀羅尼經幢中部

經幢第五級唐草紋仰蓮座；第六級菩薩浮雕束腰；第七級疊澀，無雕飾；第八級勾欄幢座；第九級為幢身下段，直徑七十六厘米，高四十六厘米。

五九　松江陀羅尼經幢頂部

經幢第十級為幢身上段，高一七七厘米，鐫佛頂尊勝陀羅尼經文並序；第十一級獅首華蓋；第十二級連珠；第十三級捲雲紋托座；第十四級四天王浮雕，第十五級八角腰檐，第十六級蟠龍圓柱；第十七級仰蓮托座；第十八級底座；第十九級禮佛圖浮雕；第二十級八角攢尖蓋；第二十一級棱形平蓋。

六〇　靈隱寺天王殿（王大中　攝影）

靈隱寺位於杭州西湖之西北，面對飛來峰，背靠北高峰。寺創建於東晉咸和三年（三二八年），在五代吳越時（公元十世紀）為全盛時代，有九樓十八閣，七十二殿堂，房屋計有一千三百餘間，僧人三千餘。南宋定都杭州，靈隱寺仍得到朝廷重視，定為浙江『禪宗五山』之第二。元末（一三五九年）寺毀於戰火，明初得以重建。清代初年有大規模修復擴建，被稱為『東南第一山』。

六一　靈隱寺大雄寶殿（田陽　攝影）

清初以降，靈隱寺內殿宇屢有毀建。現有主要建築皆十九世紀以來重建的，有：天王殿、大雄寶殿、東西迴廊和西廂房、聯燈閣和大悲閣等。大雄寶殿最後一次重建是一九五二至一九五四年，鋼筋混凝土結構，單層三重檐，通高三三・六米。殿內有一座一九・六米高的釋迦牟尼像，用二十四塊香樟木雕塑而成。

六二　靈隱寺雙石塔（王大中　攝影）

靈隱寺大雄寶殿前有兩座經塔，建於宋建隆元年（九六〇年），八角九層，青石雕砌，做木結構，製作嚴謹。塔壁鐫有無數石雕佛像。據考，此雙塔與閘口石塔出於同一時代亦或同一匠師之手。

六三　靈隱寺經幢

靈隱寺天王殿前有兩座經幢，建於宋開寶二年（九六九年），經文至今清晰可辨。

六四　靈隱寺飛來峰彌勒佛像

在與靈隱寺隔溪相對的飛來峰峭壁上，刻有自五代到元代石雕佛像三百餘尊，其中最大的一尊是坦胸露腹笑容滿面的彌勒佛像，係宋乾德四年（九六六年）所造。

六五　六和塔

六和塔在杭州閘口江邊山坡上。宋開寶三年（九七〇年）吳越王建寺造塔，內藏舍利，以鎮江潮。當時塔高九級，五十餘丈。宋宣和三年（一一二一年）焚毀，南宋紹興二十三年（一一五三年）重建，歷時十一年竣工，此時塔身減為七級。明代曾有興廢。清道光三十年（一八五〇年）又遭焚毀，光緒二十六年（一九〇〇年）重修，保存至今。

六六　六和塔下部

現六和塔塔基佔地一·三畝，高五九·八米，外觀有十三層，木構腰檐平座，副階週匝，內為磚造的塔身，有踏道可以登臨，共七層，所以外觀木構十三層實為『七明六暗』。

六七　六和塔首層內廊

塔身平面作八角形，磚質塔身為雙層套筒，內層中心有小室，內供佛像，小室的四週有廊子，外圈磚壁八面皆闢有拱門，可達外部木構廊檐。小室與廊子內，用磚砌成木構架的形狀，每角有柱，上有闌額斗栱。磚質塔身為紹興年間重建之物，光緒年間重修時在外面包上十三層木檐，使塔身形體肥矮，遮擋了古制原貌。

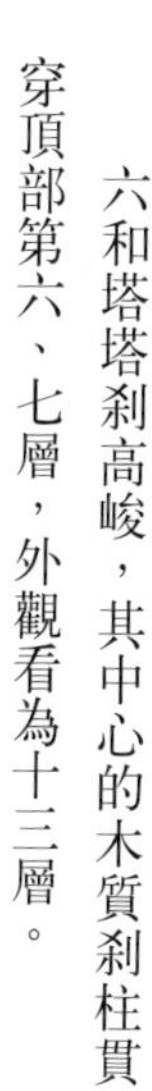

六八　六和塔第十三層塔心柱

六和塔塔剎高峻，其中心的木質剎柱貫穿頂部第六、七層，外觀看為十三層。

六九　閘口白塔

白塔在杭州錢塘江岸閘口的一座小石丘上。塔體量不大，是一座模倣木構樓閣式塔形式的石質雕刻品，不是結構物，就功能而言，是塔形的經幢。但因其形式倣木構之忠實，對於研究古塔形制具有極高價值。塔之年代，據梁思成先生考證，當在宋太祖建隆元年（九六〇年）或其後數年間。

七〇 閘口白塔上部

閘口白塔高一四・一米，九層，平面作八角形，每面廣衹一間，角上隱出圓形角柱，上施闌額。在塔的四正面鐫刻假門，四隅面是牆壁。

七一 閘口白塔中部

白塔各層檐以及第二層以上的平座皆有斗栱承托，檐上覆蓋筒瓦，下八層皆有博脊及戧脊。整個白塔刻工極精，各部份尺寸比例、用材之大小均按規制雕作。

七二 閘口白塔下部

白塔之臺基高一・三米，有收分，臺基之上有低偏的土襯，隱出假山及水波紋，上面為一・〇二米的須彌座，八面束腰滿刻《尊勝陀羅尼經》。須彌座以上立塔身九層，各層塔身壁面，除了刻經文的部份外，均浮雕佛像。

七三　飛英塔

飛英塔位於浙江省湖州市，是內外相套建造的兩座寶塔。內塔初建於唐中和四年至乾寧元年（八八四～八九四年），八角五層，實心，用白石構築。北宋開寶年間（九六八至九七五年）又在塔外建造了一座木塔，將石塔完全包裹起來。木塔為八角七層，磚木結構。南宋紹興二十年（一一五〇年），塔被雷擊毀。現存的內塔為南宋紹興二十四年（一一五四年）後重建的，外塔則建於南宋端平年間（一二三四至一二三六年）。

七四　飛英塔頂部

飛英塔通高五五·一米，木構塔頂覆瓦。鐵刹高一二·三米，木質刹柱貫穿第六、七兩層。

七五　飛英塔第二、三層

飛英塔的外塔為磚木混合結構，其外表以木作的平座、飛檐、副階與磚砌體隱出的倣木構件形式組成酷似木樓閣塔的形狀。

七六　飛英塔首層角科斗栱

外塔底層八面磚砌外壁每面長五·一米，相間開闢壺門和壺門形龕。首層副階通深三·五米，原木作部份坍毀，一九七八年修繕復原。

七七　飛英塔首層柱頭科斗栱

飛英塔斗栱的製作，從材栔到斗栱大小以及跳距尺寸等與《法式》制度相當接近。從斗栱質地上看，有磚質、磚木質、木質幾類。木質斗栱原物無存，副階上的木質斗栱皆為後來倣製。

七八　天童寺放生池

天童寺位于浙江省寧波市鄞縣太白山麓，此處古松翠竹，清幽恬靜。自寧波市往東二十餘公里有七級鎮蟒塔；過鎮蟒塔入萬松關，經伏虎亭、古山門、隱蓋亭，於清泉松竹間，豁然開朗，莊嚴古樸的寺院和寺前碧波蕩漾的放生池即展現眼前。

七九　天童寺天王殿（韋陀殿）

天童寺初創於西晉永康元年（三〇〇年），唐開元年間又重建精舍，今稱其地為古天童。唐至德二年（七五七年）移寺基於今地，稱新天童。宋代禪風盛行，該寺遂成為禪宗五山之第三。清末天童寺與鎮江金山寺、揚州高旻寺、常州天寧寺共稱為禪宗四大叢林。天童寺與日本禪宗關係密切，日本曹洞宗尊天童寺為祖庭。

天王殿為中軸線上第一座殿宇，歇山重檐式屋頂，不施斗栱。通面闊七間三一・七米，通進深六間二三・六米，通高一六・三米。

八〇　天童寺天王殿後之抱廈天花

天王殿內正中供奉大肚彌勒佛像，兩側供奉四大天王。四大天王塑像勝過杭州靈隱寺。殿的後面正中供奉韋馱。殿之北門有抱廈，與明間同寬，天花做軒，雕作精細考究。檐下施斗栱，正中有『韋馱殿』額。

八一　天童寺佛殿

今日天童寺佔地面積七・四六萬平方米，建築面積為三・八八萬平方米，殿宇大多為清代之物，中軸線上依次為外萬工池、七塔苑、內萬工池、山門、天王殿、佛殿、法堂，其後有倒坐廳、大鑒堂、羅漢堂、先覺堂等。法堂的樓上為藏經樓。中軸線東側有鐘樓、伽藍殿、雲水堂，西側有祖師殿、齋堂、靜觀堂。

佛殿為寺內最大殿宇，面闊七間三四・九米，進深六間二六・五米，高二〇・三米，歇山重檐式，檐下施斗栱，穿斗樑架，擱架科一斗三升。

八二　阿育王寺鳥瞰

阿育王寺位於浙江省寧波市鄞縣阿育王山。寺始創於東晉義熙元年（四〇五年），至梁武帝普通三年（五二二年）增建殿堂，並賜阿育王額，因以為寺名。明清年間佛殿屢有傾圮，清康熙十九年（一六八〇年）住持僧法鐘重建。

八三　阿育王寺放生池、天王殿

目前，阿育王寺佔地約八公頃，建築面積一・四萬平方米，房屋六百多間。現有建築多為清代及以後陸續建造。主軸線上由南至北依次為天王殿、大雄寶殿、舍利殿、藏經樓。天王殿面闊七間三〇・一米，進深四間一八・六米，通高一五・七米，平面分心斗底槽。歇山重檐式屋頂，下檐施五踩斗栱，上檐無斗栱。

八四　阿育王寺舍利殿

天王殿、大雄寶殿、舍利殿皆為重檐歇山，其中舍利殿為黄色琉璃瓦，內藏釋迦牟尼佛真身舍利塔，此塔高一尺四寸，廣七寸，內懸寶磬，中綴舍利。相傳此塔為阿育王所造八萬四千塔之一，內藏舍利是釋迦牟尼的遺骨。藏經樓上藏有乾隆初年刊印《欽賜龍藏》一部，計佛經一六六二部，共七一六八卷。寺內較完整地保存著歷代碑、石刻等。此外，尚有阿育王上、下二塔，也甚為著名。

八五　普濟寺海印池

普陀山普濟寺是普陀山最早供奉觀音大士的主刹，創建於何時尚難確定，但正式稱『寺』則始於北宋神宗時。現存規模大致為清代康、雍兩朝（一六六二至一七三六年）所奠定，主要建築均屬清代規制。山門外有一方海印池（放生池），面積二千餘平方米，池中央建有一座八角亭，池東有永壽橋，係明代石拱橋。八角亭南有方形御碑亭，重檐歇山，亭中豎有漢白玉雍正御碑。

八六　普濟寺前多寶塔

多寶塔在普濟寺前東南隅，始建於元代元統年間（一三三三至一三三六年）。塔平面呈方形，凡三層，立於重臺之上。臺座寬舒，塔身修直，別具風格。臺座四週均設圓形竹節倚柱，上層臺座於倚柱上附角神，上雕螭首。重臺之上為三層塔身，落於塔盤之上。底層塔身為太湖石壁；二、三層青石壘築，各出平座，週以石勾欄。塔身四壁各設一龕，中置佛像。

八七　普濟寺山門（御碑殿）

普濟寺的總體佈局，有一條長達二五四米的中軸線，南起寺前海印池南岸之照壁，北至方丈殿後的膳房。其主要殿宇，從山門起沿著中軸線依次為：山門、天王殿、圓通寶殿、藏經樓、方丈殿（名『獅子窟』）等。次要殿宇對稱排列於兩旁，加之兩側的廂房，形成了規則的遞進式院落佈局。除了沿中軸線對稱佈局的殿宇廂房外，尚有數組寮舍各成院落，分別坐落在主院落的東面或西面，為僧衆居住飲食，接待中外香客、辦公和庫房之用。全寺總建築面積約九千平方米，佔地面積三一·七公頃。山門亦稱御碑殿，五間重檐歇山頂建築。殿內中央立康熙御碑一座。

八八　普濟寺山門藻井

山門之内槽中間設斗八藻井。藻井由三層斗栱相承，每層出三跳，耍頭作蟬肚雲頭和螞蚱頭狀。頂部明鏡木雕盤龍。

八九　普濟寺鼓樓

鼓樓位於山門内第一進院落之西端，與東端的鐘樓相對，形制基本相同。鐘鼓樓皆正方形平面，重檐歇山樓閣式，底層屋檐較寬，上面三重檐口滴水幾乎在同一垂直面上，没有明顯收分，形體聳直剛健。

九〇　普濟寺天王殿

天王殿為普濟寺第一進院落之主殿，重檐歇山頂五間二八・七米，進深一五・三米，副階週匝。臺基至正脊高一一・八米。明間下檐突起約一米，與次、梢間下檐不相連。這種做法突出了明間主入口，形體上起到抱廈的作用，簡潔而又巧妙。

九一　普濟寺圓通殿

圓通殿位於天王殿北，是普陀山最大的殿宇。該殿為重檐歇山式屋頂，雙槽平面。通面闊七間，三九．一米；通進深五間二四．六米。上檐施溜金斗栱九踩，單翹三昂；下檐斗栱五踩雙昂。鳳頭昂，昂嘴呈捲雲狀，上部螞蚱頭亦雕成捲雲狀，極富裝飾性，為江南所常見。

九二　普濟寺圓通殿觀音像

圓通殿中央供奉觀音坐像，高六．五米，兩側置三十二應化身佛像。

九三　法雨寺天后閣

法雨寺位於普陀山中部錦屏山麓，東面有千步沙遼闊海面。寺依山建造，層臺疊築，氣勢磅礴。其主要殿宇沿中軸線坐落在六層臺地上。寺前有照壁，原為精雕磚壁，上書梵文六字真言，今為九龍壁，石雕新作。照壁之東是天后閣，為入寺主要路徑。

九四　法雨寺天王殿

天王殿是中軸線上的第一座殿宇，重檐歇山，高踞重臺之上，兩側各闢山門。進入山門即為大小不同的院落層層遞進，逐院昇高，依次有玉佛殿、圓通殿、御碑殿、大雄寶殿、藏經閣。

九五　法雨寺鐘樓

天王殿後、玉佛殿前的院落，分為高低兩級臺地，其間以石砌擋土牆分隔。上面一級台地之東西分別建有鐘樓和鼓樓，形制相同，皆端莊秀雅。

九六　法雨寺圓通殿

圓通殿為寺內最大殿宇，建在凸字形臺階上，臺階正面出垂帶踏階，中為雲龍御路。圓通殿建於清康熙三十年（一六九一年），明間中央設九龍藻井，為金陵（南京）明故宮舊物。圓通殿之後的院落以大雄寶殿為主體建築，前面有體量小巧的御碑殿作為前奏。大雄寶殿為重檐歇山頂，體量雖不及圓通殿，御因高踞臺地之上，左右配以準提殿、伏魔殿為其朵殿，氣勢頗雄偉壯觀。

九七　法雨寺圓通殿觀音像

圓通殿內，在寬闊的內槽後沿安置觀音像，上面覆以九龍藻井，兩側為十八羅漢。

九八　慧濟寺鳥瞰

慧濟寺坐落於普陀海島主峰佛頂山巔。明代高僧圓慧至此創立慧濟庵，其後屢有興廢。清代乾隆五十八年（一七九三年）臨濟宗高僧能積至此，復興殿宇，擴庵為寺。至光緒年間（一八七五至一九〇八年），文質法師又大加建造，始成今貌。該寺是由庵院演變而來，總體佈局仍不免有庵院遺風。

九九　慧濟寺大雄寶殿

慧濟寺主體建築群以大雄寶殿為中心，坐北朝南，殿內供奉佛祖釋迦牟尼，左右陪襯以二十諸天菩薩。另有藏經樓、大悲閣等與大雄寶殿橫向排列。主院之南為天王殿，東西各有重樓配殿，由此圍合成規整的四合院。主院兩側分別由藏經樓、大悲樓、方丈、僧寮、客寮以及鐘樓等建築物組成大小不同的院落，以滿足各種用途。

慧濟寺規模雖不及普濟、法雨二寺，但三者統稱作普陀山三大寺。

一〇〇 保國寺山門

保國寺位於浙江省寧波市鄞縣境內靈山山腰，又名靈山寺。寺始建於唐代，毀於會昌滅法時（八四五年）。宋大中祥符年間（一〇〇八至一〇一六年）又事興建。宋、明年間屢有擴建，至清初，寺內殿堂大多毀廢，唯大殿存留。現寺內建築多為清代康熙後重建或增建的。寺南向微偏東，中軸線上有天王殿、大雄寶殿、觀音殿、後殿四層，殿宇兩側並無配殿或走廊，而建以牆垣與東西旁院分隔，旁院内為僧房、客堂等附屬建築。原山門東向微偏南，已於五十年代初拆除，現以天王殿為山門。

一〇一 保國寺大雄寶殿

大雄寶殿面闊五間，進深五間，建於質樸臺基上。殿正面設前廊，其兩側建牆垣圍之，且前廊各開間尺度與殿內不一致，是為清代康熙年間改建所致，原大殿面闊進深各為三間。大殿為重檐歇山頂，屋架舉折平緩，總舉高為進深（前後撩檐枋距）的三．八分之一。

一〇二 保國寺大雄寶殿前槽角部

大雄寶殿於前槽明間中央設藻井，藻井兩邊做天花。斗栱分外檐斗栱與內槽斗栱二類。外檐斗栱有柱頭鋪作、補間鋪作、轉角鋪作三種。所有斗栱外跳均作重抄雙下昂單栱造，斗栱後尾因鋪作不同而有所區別。

一〇三　保國寺大雄寶殿内槽樑架

大雄寶殿内槽為徹上明造。内槽斗栱有柱頭鋪作、補間鋪作、隔架科三種。隔架科的形制為栿上施駝峰，上施櫨斗，斗内施栱四跳，其上承替木及下平槫。補間鋪作多為清代修理時所換，有清式一斗三升或重栱二種。柱頭鋪作在柱上施櫨斗，斗内十字相交，施栱以承樑栿或替木及槫。

一〇四　保國寺大雄寶殿内槽瓜輪柱

柱作瓜輪狀，八瓣，有收分捲殺。前槽明間中央施藻井，其結構在八交角處施華栱二跳，上端施令栱承隨瓣枋，於枋上垂直心斗處施豎向弧形陽馬，集於中心明鏡。另於陽馬背上依弧線方向施木圜數個構成穹窿狀。

一〇五　保國寺大雄寶殿明間前槽藻井

大雄寶殿前槽明間的中央部位及兩次間均設藻井。其結構為：在算桯枋所構成的八角井的八個交角處施華栱二跳，第二跳端施令栱承隨瓣枋，於枋上垂直心斗處施豎向弧形陽馬，集於中心明鏡。

一〇六　國清寺鼓樓

國清寺坐落在浙江省天臺山南麓，距天臺縣城約三公里，為我國天臺宗祖庭。寺創建於隋大業年間，唐代作為天臺宗根本道場盛極一時。至唐武宗會昌年間，朝廷之滅佛政策使寺廟盡毀，大中年間復建。後經宋、元、明、清，代有興廢。清雍正十一年（一七三三年），朝廷敕令大規模修建國清寺，歷時三年，主軸線上所有殿宇：山門、鐘樓、鼓樓、彌勒殿、雨花殿、大雄寶殿及兩側廊屋均重建重修。此後，國清寺歷任住持又募資修建擴建，始成現在的規模。

一〇七　國清寺彌勒殿

進入山門北折，過甬道，踏上一·六米高的臺階，即登上彌勒殿的月臺。殿為單檐歇山頂，五開間，通面闊一九·〇米，通進深一一·三米。殿內正座供奉彌勒佛坐像一尊，背後有韋馱立像，兩側有密跡金剛與威跡金剛坐像。

一〇八　國清寺雨花殿

雨花殿在彌勒殿後，又名天王殿。傳說國清寺建成後，章安灌頂大師登臺講《妙法蓮華經》，感動上天神靈，天降花雨，因此稱雨花殿。

一〇九　國清寺大雄寶殿

大雄寶殿為國清寺主軸線上最後一座殿宇，地勢最高，體量最大。殿為重檐歇山式，週以廊廡。面寬九間三〇·七米，進深一九·七米，高二二·七米。殿內正中供奉釋迦牟尼像，背後為觀世音菩薩像。殿的兩側靠東西牆壁為十八羅漢像，是元代時用楠木雕製的。

一一〇　國清寺魚樂園放生池

國清寺在總體佈局上有四條軸線，主軸線西面的軸線上主要有安養堂、八功德池、觀音殿、羅漢堂、妙法堂，最南端還有一處小庭園名『魚樂園』。主軸線東側有兩條軸線，一條由寮樓、聚賢堂、說法堂、迎塔樓等組成；另一條軸線由修竹軒、禪堂、客堂、大廚房等組成。

一一一　神光嶺肉身寶殿全景

肉身寶殿位於安徽省九華山九華街西面的神光嶺，相傳這裏原是地藏墓地。該殿始建於唐建中二年（七八一年），後毀。明代初年、清同治十二年（一八七三年）兩次重建。現存者為清同治年間所建。殿建在神光嶺的山頂，山門在嶺北坡下。進入山門，院內有方池、石橋，正面中軸線上為轉輪寶殿，左為靈官殿，右面有八十一級石階直通山巔。

一一二 肉身寶殿

肉身寶殿平面呈方形，面闊三間，進深三間，約十六米，副階週匝，重檐歇山頂，上覆鐵瓦。牆面黃色，但副階圍以紅褐色牆垣。正入口在南面，門上有『肉身寶殿』豎額；上檐有『護國肉身寶塔』匾額。殿之體形高聳，又建在山巔，形似寶塔，故又稱肉身寶塔、地藏塔。殿內中央為一・八米高的漢白玉塔基，上矗七層八方木質寶塔一座，高十七米。塔的每層八面皆有佛龕，每龕均供奉地藏金色坐像，共五十六尊。塔內又築三級石塔，是地藏肉身之所在。

一一三 肉身寶殿柱頭

肉身寶殿之副階迴廊裝飾鮮麗，柱頭、樑枋皆作木雕、彩畫，題材有仙鶴、麋鹿、牡丹等。

一一四 肉身寶殿天鐘橋

依神光嶺的地勢，北面更為開闊。殿的北門前有半月形瑶臺，臺下林木茂盛，遠處群峰如屏。西側有百級石階，天鐘橋橫跨其上。

一一五　化城寺山門（靈官殿）

化城寺位於安徽省九華山九華街，為九華山開山寺，始建於唐至德年間（七五六至七五八年），為金地藏所居。唐建中二年（七八一年），闢為地藏道場，朝廷賜化城寺匾額。現存寺廟為四進大殿，依次為：靈官殿、天王殿、大雄寶殿、藏經樓。前三進為清末建造，第四進藏經樓為明萬曆年間（一五七三至一六二〇年）建造。

一一六　化城寺大雄寶殿

該寺平面為遞進式四合院，軸線對稱，院落地坪隨山勢逐級昇高。寺前有半月形偃月池（放生池），相傳為金地藏居時所鑿。寺內殿宇僧房皆硬山式，小青瓦屋面，一、二、三進為單檐，四進為重檐。大雄寶殿為中軸線上第三座殿宇，單檐硬山造，作皖南民居馬頭牆形式。

一一七　化城寺大雄寶殿藻井

大雄寶殿正上方有大小三個藻井，建於光緒十五年（一八八九年）。大藻井直徑四四〇厘米，深一七〇厘米，八角部飾八條龍，與中央頂端一龍組成『九龍盤珠』；兩側小藻井直徑三〇〇厘米，深一七〇厘米，甚精美。

一一八　化城寺大雄寶殿前廊軒

大雄寶殿通面闊二〇．〇米，通進深二〇．五米。五間皆做菱花槅扇。前後廊皆做軒。

一一九　祇園寺山門（靈官殿）

祇園寺位於九華山九華街東北角高地上。寺始建於明代。寺院由靈官殿（前殿）、天王殿（中殿）、大雄寶殿（後殿），以及客堂、齋殿、庫院、退居寮、方丈寮和光明講堂九座單體建築組成，建築總面積五一七五平方米。

靈官殿為三層，單檐硬山頂，兩端做封火山牆。正中入口上方做三層重檐歇山屋頂。黃綠色琉璃瓦，下為拱門，門頭有『祇園禪寺』額。

一二〇　祇園寺天王殿

祇園寺天王殿為方形平面，重檐歇山頂，黃牆、拱門，中供彌勒，兩側四大天王。由於地形所限，大雄、天王二殿之前均無方正院落，且寺的中軸線呈折線形，前殿軸線和中、後殿軸線成四十五度交角，是寺廟建築中不多見的佈局形式。

一二一　開元寺大雄寶殿

開元寺位於福建省泉州市西街，創建於武則天垂拱二年（六八六年），初名蓮花寺。唐玄宗開元二十六年（七三八年）改稱開元寺。元至正十七年（一三五七年）遭大火，明洪武、永樂年間再建。今開元寺佔地面積七・八公頃。中軸線上的主要建築有：紫雲屏、天王殿、拜亭、大雄寶殿、甘露戒壇和藏經閣。東側有檀越祠、準提禪林；西側有功德堂和水陸寺。

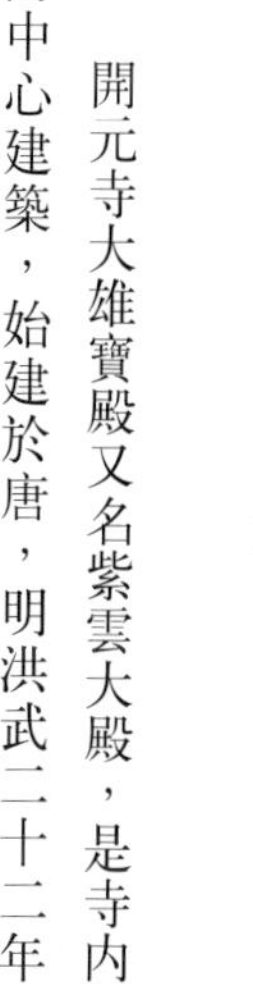

一二二　開元寺大雄寶殿翼角

開元寺大雄寶殿又名紫雲大殿，是寺內的中心建築，始建於唐，明洪武二十二年（一三八九年）重建。重檐歇山式，通高二十米，九間九進。

一二三　開元寺大雄寶殿樑架

大雄寶殿俗呼百柱殿，實則內部省去兩排，只有八十六柱。大殿採用穿斗草架、平棊天花、等高鋪作。石柱礎及補間櫨斗作仰蓮式，斗栱間附雕著二十四尊飛天樂伎。殿中央供奉五尊佛祖像。

一二四　開元寺大雄寶殿飛天樂伎

大雄寶殿內，將斗栱鋪作的華栱作成飛天樂伎狀，共有二十四尊。這些飛天樂伎姿態各異，有的手持樂器，有的手捧文房四寶。在開元寺戒壇等處亦有類似做法，但未見於國內他地。

一二五　開元寺拜庭東北隅寶篋印經塔

大雄寶殿前的開闊庭院為拜庭。拜庭兩側北端近大殿月臺處，有寶篋印經塔二座分立，塔方形，高約五米，塔身四面浮雕佛教故事圖案，四隅刻金翅大鵬鳥。銘文記載紹興十五年（一一四五年）建。

一二六　開元寺戒壇

開元寺戒壇名曰甘露戒壇，在大雄寶殿北，是開元寺內僅次於大雄寶殿的單體建築。戒壇建於宋天禧三年（一〇一九年），明清重修，為重檐八角攢尖式。

一二七　開元寺鎮國塔

泉州市開元寺紫雲大殿前院的兩側旁院，有東、西二塔對峙，相距約二〇〇米。東塔稱鎮國塔，唐咸通六年（八六五年）始建成，初為木塔，後毀於火，宋寶慶三年（一二二七年）改建為磚塔，七層。宋嘉熙二年至淳祐十年（一二三八至一二五〇年）重建，改為八角五層樓閣式倣木結構的石塔，保存至今。塔高四八・二四米。

一二八　開元寺鎮國塔首層

鎮國塔每層開四門，設四龕，位置逐層互換。龕內有浮雕佛像，門、龕兩旁石壁上雕有羅漢護法及佛教人物，共有浮雕八十尊。

一二九　開元寺鎮國塔須彌座

鎮國塔須彌座上有浮雕的釋迦牟尼本生故事三十餘幅。

一三〇　開元寺鎮國塔首層內部

鎮國塔內的塔心為巨大實心柱，週圍有階梯，可攀登塔頂。

一三一　開元寺鎮國塔第四層檐部

鎮國塔各層塔身八隅雕出圓柱，上為闌額。闌額之上出雙抄斗栱以承檐。各層腰檐以上為勾欄，無平座。

一三二　開元寺仁壽塔

西塔即仁壽塔，始建於五代梁貞明二年（九一六年），初為七層木塔，後毀於火。宋寶慶年間改建為磚塔。宋紹定元年（一二二八年）至嘉熙元年（一二三七年）改建為石塔。西塔高四四・〇六米。外觀及結構與鎮國塔大致相同，不同之處主要在於斗栱局部浮雕亦有不同。

一三三　開元寺仁壽塔首層補間鋪作

仁壽塔與鎮國塔斗栱的不同，首先在於補間鋪作的設置：仁壽塔下二層為兩朵，上三層為一朵，而鎮國塔五層補間鋪作均二朵。

一三四　開元寺仁壽塔首層轉角鋪作

仁壽塔與鎮國塔斗栱的不同還在於：仁壽塔斗栱皆為偷心造，而鎮國塔則為計心造：鎮國塔轉角鋪作於櫨斗兩側各安附角斗，各自出鋪作一縫，仁壽塔則無附角斗。

一三五　崇妙保聖堅牢塔

崇妙保聖堅牢塔在福州城內，俗稱榕城烏塔。此塔原為唐貞元十五年（七九九年）建，名『淨光塔』，後毀。五代晉天福六年（九四一年）在原址重建，保存至今。現存烏塔八角七級，高三十五米。塔身的牆上設佛龕，嵌有浮雕佛像和題刻。第一層開一門，其餘各層開二門，不設門的地方都設佛龕。塔心有曲尺形通道供登攀。

另有白塔位於烏塔對面，二塔合稱榕城雙塔。白塔名定光塔，高四十一米，八角七級，原為內磚外木，後改為磚塔，外敷白灰。

一三六　崇妙保聖堅牢塔須彌座

塔身底部須彌座浮雕龍鳳紋，轉角設倚柱，下層各轉角的倚柱均刻天王、力士等雕像。這些雕刻皆為原物，古樸蒼勁。

一三七　崇妙保聖堅牢塔第二層檐部及平座

每層檐部用巨石疊澀挑出三層，上鋪石屋面，出檐深遠，亭亭如蓋。其檐口出挑的尺度比例在磚石建築中是相當可觀的。

一三八　華林寺大殿

華林寺位於福州屏山南麓，舊名越山吉祥禪院。現僅存大殿一座，為九六四年創建的原構，係五代末吳越時所建。明英宗正統九年（一四四四年）賜額，遂易今名。明清歷代多有重修重建，而大殿保持原構。寺中殿宇因年久失修已於五六十年代傾圮，唯大殿留存。華林寺大殿南向，正面三間四柱，通面闊一五・八七米。山面四間五柱，通進深一四・六八米。

一三九　華林寺大殿外檐斗栱

華林寺大殿的前間是一個敞廊，殿內為佛堂，但佛壇壁塑已無存。內外柱均為梭柱，角柱有生起，無側角。石柱礎分為上下兩層，高〇．二米，下層方形。

一四〇　華林寺大殿後槽樑架

華林寺大殿內構架主要由兩縫橫架與兩縫縱架組成，縱橫相交呈『井』字形，兩橫架之外，各加出際樑架一縫，承兩山出際。

一四一　華林寺大殿轉角樑架

華林寺大殿外檐鋪作外拽均為七鋪作雙抄雙昂出四跳，轉角鋪作外拽於正側兩面順身各出七鋪作四跳。大殿內外的各種構件多經過細緻加工，除了斗栱與梭柱外，月樑、駝峰與昂嘴的造型亦頗具裝飾性。

一四二　六榕寺花塔

六榕寺位於廣州市朝陽北路，始建於梁武帝大同三年（五三七年），是當時廣州刺史為瘞藏梁武帝舅父從海外携回之佛骨而建，寺名『寶莊嚴寺』，塔名『舍利塔』。五代時改稱長壽寺，北宋時稱淨慧寺，明代稱六榕寺，塔亦稱作六榕塔，俗呼花塔。

花塔原為磚木結構，公元十世紀毀於火，宋紹聖四年（一〇九七年）重建。塔高五七·六米，八角九層，各層腰檐及塔頂覆琉璃瓦，陽光下色彩繽紛，似九層綻開的花瓣，塔刹似花芯，故名。花塔外觀九層，塔内為十七層，一層明，一層暗。沿梯拾級而上，可登塔頂。塔頂有元代至正十八年（一三五八年）鑄造的銅柱，刻滿佛像，柱頂有九霄盤，下垂練珠，重八千餘斤。

一四三　光孝寺大雄寶殿

光孝寺位於廣州市光孝路北。相傳寺初建於三國時，名制止寺。至南宋紹興二十一年（一一五一年）始定名為『敕賜光孝禪寺』。現寺内主要建築有：大雄寶殿、六祖殿、瘞髮塔、伽藍殿、天王殿、東西鐵塔等。現存大雄寶殿是清順治十一年（一六五四年）所改建，重檐歇山，出檐平緩深遠，造型質樸，尚具唐宋遺風。大殿右側為供奉護法神之伽藍殿，左側為六祖殿。

一四四　光孝寺六祖殿

六祖殿位於大雄寶殿左側，比伽藍殿更為小巧，始建於北宋大中祥符年間（一〇〇八至一〇一六年），專為供奉六祖慧能而建。殿東鄰有碑廊等。

一四五　光孝寺瘞髮塔

六祖殿前有瘞髮塔。相傳在唐高宗儀鳳元年（六七六年），六祖慧能在菩提樹削髮授戒，削下戒髮埋入土中，寺中住持僧法才遂在此建塔。瘞髮塔八角七層，高六·七米，每層有佛龕八個。

一四六　光孝寺伽藍殿

伽藍殿位於大雄寶殿右側，建築年代不詳。它體小玲瓏，造型優美。殿內供奉伽藍像，歷史上曾改為書舍、禪堂。

一四七　光孝寺地藏殿

一四八　報國寺大雄寶殿

報國寺在四川省峨眉山麓，古稱會宗堂，明代萬曆四十三年（一六一五年）建，原址與伏虎寺隔溪相對。清順治年間重建，遷到今址。康熙四十二年（一七〇三年）始改今名。報國寺佔地面積四公頃餘，建築面積五六〇〇平方米。建築群佈局循山勢而上。入山門，中軸線上是彌勒殿、大雄寶殿、七佛殿、藏經樓四重殿宇。殿堂兩側有僧寮客舍，週圍有吟翠樓、待月山房、花影亭、七香軒等建築，構成園林庭院。

一四九　報國寺七佛殿

七佛殿在大雄寶殿後。殿中供奉七佛，從左到右依次是：毗婆屍佛、屍棄佛、毗舍婆佛、釋迦牟尼像、拘樓孫佛、拘那含佛、迦葉佛，係清朝光緒年間塑。七佛殿前有明代鑄造紫銅華嚴塔，高六米許，十四層。塔上鑄有四七六二尊佛像和《華嚴經》全部經文。

一五〇　萬年寺鐘樓

萬年寺位於四川省峨眉山主峰以東，觀心坡下一空曠平臺上，海拔約一千米，寺外兩側為萬丈深淵。萬年寺始建於東晉，初名普賢寺。唐、宋屢有增建。明朝時寺廟被焚，萬曆二十八年（一六〇〇年）重修，臺泉法師倣印度熱那寺式樣建無樑磚殿。明神宗賜名為『聖壽萬年寺』。一九四六年寺又失火，除無樑殿外大小殿堂均成瓦礫。五十年代以來逐步重建擴建，始成今貌。

一五一　萬年寺無樑殿

萬年寺無樑殿為明代建築。平面呈正方形，每邊長一五·六米，以半圓形磚穹窿覆蓋在磚牆上。殿高十六米，殿頂豎立五座白塔和四隻吉祥獸。殿的外檐裝修皆用磚倣木，門楣、額枋、斗栱、垂柱、窗櫺等全係磚造。

一五二　萬年寺大雄寶殿

如今萬年寺主要建築有：山門、鐘鼓樓、彌勒殿、般若堂、毗盧殿、無樑磚殿、巍峨寶殿、大雄寶殿、行願樓、齋堂等，總建築面積三千餘平方米。

一五三　凌雲寺山門

凌雲寺位於四川省樂山市岷江東岸，凌雲山的棲鸞峰上，始建於唐開元年間，後廢。今寺為明清所建，有天王殿、彌勒殿、大雄寶殿、藏經樓、東坡亭、競秀亭等。

一五四　凌雲寺鼓亭

一五五　凌雲寺大雄寶殿

一五六　凌雲寺藏經樓

一五七　凌雲寺塔

寺外西北靈寶峰上有方形磚塔一座，塔身上覆密檐十三層。塔門西向，內構方室，直達上部。塔身外側之東、南、北三面，各設一龕，上部飾以斗栱。其上各檐之間，闢小佛龕及小直櫺窗，每面三處。據劉敦楨先生考，此塔類南宋之物。

一五八　樂山大佛

凌雲寺之有名，主要是由於在臨江山崖上鑿有樂山大佛——彌勒佛坐像。大佛肩寬二十四米，高七十一米，是國內外最大一尊佛像。所以凌雲寺又名大佛寺。大佛是由沙門海通於唐玄宗開元（七一三至七四一年）初年開鑿，唐貞元十九年（八〇三年）由劍南西川節度使韋皋繼續，前後歷時九十年鑿成。當時彩繪金身，並覆以十三層樓閣，明末毀於兵火，唯大佛像巍峙江岸。

一五九　烏尤寺天王殿

烏尤寺坐落在四川省樂山市烏尤山頂，原名正覺寺，為唐代名僧惠淨法師所建。北宋時改稱烏尤寺，以山名寺。該寺在明清時兩度毀於戰亂，現存建築大多為清朝末年和近代所建。入寺門為天王殿，穿過天王殿，迎面是彌陀殿，立於岷江斷崖旁的參道上，建於一九二〇年。後為彌勒殿，清末咸豐（一八五一至一八六一年）、同治（一八六二至一八七四年）年間重修。

一六〇　烏尤寺觀音殿

觀音殿在如來殿西廊盡頭，重建於一九二五年。殿內觀音菩薩像高三米，造型優美。如來殿東廊盡頭是方丈室四合小院，幽靜雅致。

一六一　烏尤寺大雄寶殿

烏尤寺大雄寶殿一九三一年建，單檐歇山，不施斗栱，形體莊重。柱與槅扇門施以紅漆，屋頂覆琉璃瓦，色彩對比強烈。大殿正中供奉釋迦、文殊、普賢三尊，高四米，皆香樟木精雕而成，全身貼金。殿外左右分立著八角重檐鐘鼓樓。鐘樓內懸掛明永樂年間所鑄銅鐘。大雄寶殿後為如來殿，清末同治年間重修，二層。樓上為藏經閣。

一六二　報恩寺山門

報恩寺位於四川省西北部的平武縣，建於明天順四年（公元一四六〇年）。寺佔地二公頃餘，寺內主要建築坐西面東，呈中軸對稱佈局。山門面闊五間，單檐懸山式。山門兩側連以八字牆，前方為一片開闊廣場，中央是一對高約七米的石經幢。

一六三　報恩寺天王殿

進入報恩寺山門，院內三座並列的單孔石拱橋，連接山門與天王殿。橋左側有鐘樓，十六柱重檐歇山式。天王殿面闊五間，單檐歇山式屋頂覆黑琉璃瓦，綠琉璃剪邊。

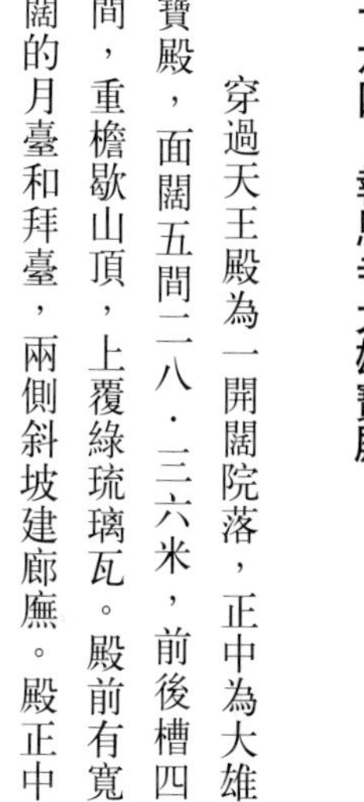

一六四　報恩寺大雄寶殿

穿過天王殿為一開闊院落，正中為大雄寶殿，面闊五間二八·三六米，前後槽四間，重檐歇山頂，上覆綠琉璃瓦。殿前有寬闊的月臺和拜臺，兩側斜坡建廊廡。殿正中供奉『三世佛』，佛像前供有『當今皇帝萬萬歲』九龍牌位。

一六五　報恩寺華嚴藏

華嚴藏為大雄寶殿之右配殿，與左配殿大悲殿南北相對，二座殿宇形制基本相同。面闊三間二〇·五米，進深三間十八米，高一六·四米，十六柱重檐歇山式。屋頂黑色琉璃瓦蓋面，綠色琉璃瓦剪邊。華嚴藏亦稱華嚴殿，即存放華嚴經的地方。殿內正中置轉輪經藏一座，係木結構塔形物，用於藏經，可旋轉。

一六六　報恩寺萬佛閣

大雄寶殿後中軸線上為萬佛閣，高二十四米，三重檐，面闊五間二四・七米，為全寺最高大建築物。閣內供奉如來佛祖講經說法像，左右有『十大弟子』合掌侍立；樓上有木雕『七佛』像。萬佛閣前左右各有碑亭一座。

一六七　寶光寺七佛殿

寶光寺位於四川省新都縣城。寺創建於東漢，隋代名『大石寺』，唐末更名『寶光寺』，明末崇禎年間毀於兵火，清康熙九年（一六七〇年）重建，至咸豐年間（一八五一至一八六一年）奠定目前規模，被稱為蜀中首刹。現寶光寺佔地面積九公頃餘，建築面積二萬多平方米。

一六八　寶光寺大雄寶殿

寶光寺中軸線上，有福字照壁、山門、天王殿、寶光塔、七佛殿、大雄寶殿、藏經樓，兩側有鐘鼓樓、二牌坊、左右廊廡、東西方丈等，呈對稱佈局。另有十六座四合院相連接，有禪堂、戒堂、法堂、齋堂等建築。佈局形式為中軸對稱與院落式相結合。大雄寶殿建於清咸豐年間，單檐歇山式，面積七〇〇平方米，主體結構三十六根柱子為整石雕鑿。

一六九　寶光寺藏經樓

寶光寺藏經樓建於清道光年間（一八二一至一八五〇年），重檐歇山式，高二十米。所藏貝葉經是清光緒二十八年（一九〇二年）寶光寺僧人清福遊歷印度及東南亞佛教國家時，泰國國王贈送的。這是一部梵文法華經。

一七〇　寶光寺羅漢堂千手觀音

寶光寺東北隅有羅漢堂，清咸豐元年（一八五一年）建，頗具特色。建築為抬樑式木石結構，平面正方形，九間九進，佔地一六〇〇平方米。平面呈『田』字形，有四個天井。堂中央立觀音塑像，高六米，有二十八頭、五十六臂、一九六　眼。五百羅漢像圍繞『田』字，內外四層。清咸豐年間塑成。

一七一　寶光寺塔

寶光寺塔在天王殿後，為密檐式四方形磚塔。塔高三十米，凡十三層，每層四面嵌以佛像，四角掛銅鈴。塔剎冠以鎏金銅寶頂。據記載此塔是中國最早建造的十九座寶塔之一。隋朝改為石塔，唐中和年間（八八一至八八五年）重修，宋、明、清各代屢有修葺。

一七二　大佛寺

大佛寺位於四川省潼南縣城西。始建於唐咸通年間（八六〇至八七四年），原名定明院，又名南禪寺。

一七三　大佛寺劍亭

大佛寺建在面對涪江的峭岸上，建築佈局與造型頗有特點。行至大佛寺，石壁上一巨大『佛』字清晰可見，此處是『飛霞』瀑布的所在。轉過峭壁，得見一座小巧玲瓏三層樓閣，名曰劍亭。

一七四　大佛寺大佛殿

過劍亭即是大佛殿，順山勢建造，上下七層，似樓閣式塔，層檐疊築，上為歇山式屋頂，氣勢雄偉壯觀。大佛依山而鑿，為坐像，高約二十七米。縣誌記載，大佛寺初建時僅有石佛頭像，宋靖康元年（一一二六年），因佛首展鑿佛身，始成今狀。出大佛殿左行，可見到兩座同樣大小的殿宇，即玉皇殿、觀音殿。寺的整體佈局緊密結合山崖地形，與自然環境渾然一體。

一七五　圓通寺八角亭

圓通寺在昆明市螺峰山，始建於唐南詔時代，現存大殿是元延祐七年（一三二〇年）重建，明、清重修。八角亭和『圓通勝境』牌樓是清康熙初年所建。寺門磚造三間。門內通道修潔，檜柏參天。經牌坊，渡小橋，有敞廳五間，其北鑿方池，中建重檐八角亭一座，重檐攢尖。亭之南北，各建石橋三座。

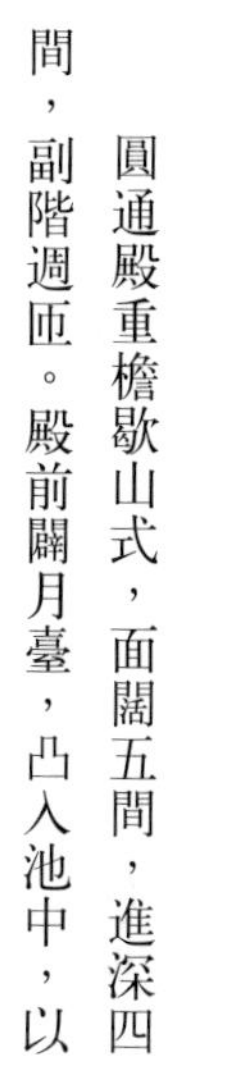

一七六　圓通寺圓通殿

圓通殿重檐歇山式，面闊五間，進深四間，副階週匝。殿前闢月臺，凸入池中，以石橋與池中心八角亭相通。

一七七　圓通寺圓通殿下檐斗栱

圓通殿下檐柱頗粗巨，斗栱七踩，施象鼻昂，出斜栱。上檐斗栱在坐斗外側為五踩重翹，而內為九踩。頂部做大花藻井，甚華麗。殿中有元代彩塑三大佛和二十四諸天神像。

一七八　筇竹寺大雄寶殿

筇竹寺位於昆明西北約九公里的玉案山。關於寺的建造年代，一說始建於唐貞觀年間（六二七至六四九年），見於《雍正通誌》；另一說建於元朝初年，是內地佛教傳到雲南的第一個禪宗寺廟。明永樂十七年（一四一九年）毀於火。清康熙修復，光緒十一年（一八八五年）擴建。大雄寶殿在寺的正中大院，四面檐廊通連，院中花蔭樹影交橫，石桌凳散置其間，空間舒展靜謐。大殿面闊五間，單檐歇山，無斗栱，樑柱較細。殿內西側有元朝白話聖旨碑，一面漢文，一面蒙古文。

一七九　筇竹寺華嚴閣

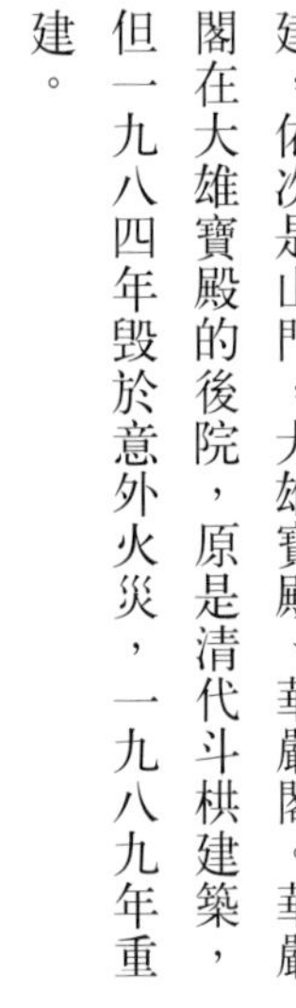

筇竹寺南向，現有三重院落，依山勢而建，依次是山門，大雄寶殿、華嚴閣。華嚴閣在大雄寶殿的後院，原是清代斗栱建築，但一九八四年毀於意外火災，一九八九年重建。

一八〇　常樂寺塔

昆明市南部有二塔東西遙對，西面慧光寺塔，俗稱西寺塔，東面為常樂寺塔，俗稱東寺塔。東、西寺塔均始建於唐宣宗大中八年（八五四年），明、清重修重建。其中，常樂寺塔雖初建於唐，但後來傾圮。現存之塔為清光緒九年至十三年（一八八三至一八八七年）重建。

一八一　慧光寺塔

慧光寺原為唐南詔以來當地著名巨剎，清咸豐年間寺毀，堂殿無存，僅餘磚塔一座。塔下部疊砌方臺三重。臺基之上，建方形塔身。塔身上覆密檐十三層，其外輪廓線呈微凸曲線，最寬處在第八層，從第九層開始急劇收分。塔身南面設入口，可導入內室。室正方形，直達塔頂。其平面、外觀與結構方式，屬唐代密檐式方塔系統。但詳部結構不乏出入，如塔檐斷面微凸，檐面兩端向上反翹，密檐的壁體隨出檐外輪廓線向外微凸，皆非唐塔所有，似為明代以後修葺添建。

一八二　妙湛寺金剛寶座塔

妙湛寺金剛寶座塔在昆明官渡，建於明英宗天順二年（公元一四五八年）。是中國唯一用砂石築成的金剛寶座塔。方形基座高四·七米，邊長一〇·四米，臺面四週設石勾欄。基座中空，有十字貫通四道券門，故又稱穿心塔。與內地不同的是，正中主塔特雄偉，高一六·〇五米，四角小塔高五米，不成比例。

一八三　妙湛寺金剛寶座塔主塔

主塔構造繁複，下為方形須彌座，束腰處隱起間柱，浮雕五座騎：獅子、象、馬、孔雀、迦樓羅。座上施金剛圈數層，上構覆缽，四面開眼光門（佛龕）。再上是塔脖子、上承十三天。塔刹有銅傘蓋，垂八鈴鐸。蓋面立銅鑄四天王。再上為石製圓光，四方有小風鈴。刹尖為寶瓶、寶珠。

一八四　妙湛寺金剛寶座塔四隅小塔之一

臺基上面四隅的四座小塔，其須彌座頗大，而覆缽較小，十三天以上部份，與清代經幢、墓塔類似，是為後世改修之故。

一八五　崇聖寺三塔

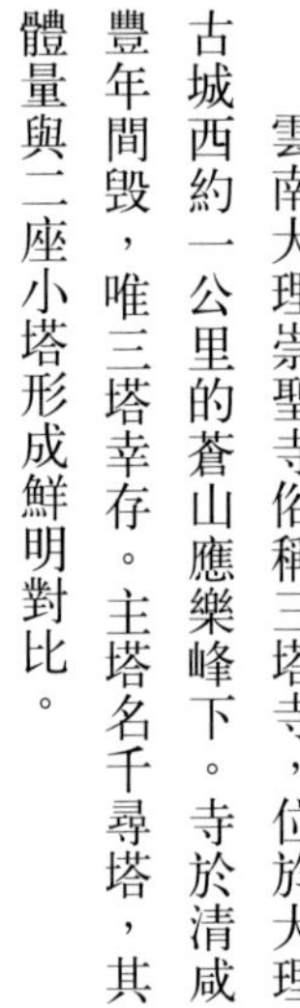

雲南大理崇聖寺俗稱三塔寺，位於大理古城西約一公里的蒼山應樂峰下。寺於清咸豐年間毀，唯三塔幸存。主塔名千尋塔，其體量與二座小塔形成鮮明對比。

一八六　崇聖寺千尋塔

千尋塔建於唐開成元年（公元八三六年），經明嘉靖、清乾隆二度重修。千尋塔為密檐式空心磚塔，平面方形，通高六九·一三米，底邊寬九·九米，下承方臺二重，塔身上覆密檐十六重。塔內有螺旋木梯直達頂部。第二層以上，四面設龕，內各置石佛一尊，塔身灰漿以紅土為主，表面覆以石灰。塔磚上多模印梵文、古藏文經咒。是為雲南古代篤信密教、崇奉真言之故。

一八七　崇聖寺東塔

千尋塔後有雙塔分峙左右，皆八角十層樓閣式空心磚塔，高四十三米，出檐作梟混曲線，浮刻山花蕉葉及寶相華、佛像等。平座飾蓮瓣，或施華栱一跳。塔身轉角處，置圓倚柱。壁面上塑方形小塔。依式樣結構似宋代所建。

一八八　崇聖寺西塔

一八九　佛圖寺塔

佛圖寺在雲南省大理縣南十一公里羊皮村。寺前為塔，塔西為山門、正殿及左右廊廡。據碑記，此塔乃唐憲宗元和年間（八〇六至八二〇年）南詔王勸利晟所建，明建文（一三九九至一四〇二年）、萬曆（一五七三至一六二〇年）二代重修。

塔平面正方形，磚造。磚之表面刻劃斜紋。塔身每面約寬四・五米，東面設門，門內為方形小室，直貫上部。塔身以上，構密檐十三重，皆以菱角牙子與疊澀組合而成，整體比例協調秀麗。詳部做法如檐的厚度自下而上逐層減薄，檐的兩端未形成顯著反翹，檐伸出較長凹入較大等等，均與中原唐塔極為接近。塔頂相輪、華蓋、寶珠等搭配層次與分件比例，則為明代以來南方通行式樣，顯然是後代修葺的緣故。

一九〇　宏聖寺塔

宏聖寺俗稱一塔寺，在大理縣西南點蒼山龍泉峰下。寺東向，堂殿門廡毀於清咸豐年間，惟寺前磚塔巍然幸存。塔建成於南詔末葉或大理國時期，約為北宋年間（九六〇至一一二七年）。明代重修。

此塔係密檐式方塔，下有亂石砌臺基，東、南、北三面各飾以佛龕。塔身下部一米也用石砌，上面以紅泥砌磚，外塗白堊。塔身西面闢門，門上加石楣，雕琢佛像五尊，似明代匠人所刻。塔心方室直達塔的上部，於第一層中央建塔心柱。塔的外部在塔身以上施密檐十六層，檐口挑出甚短，使整個塔形瘦聳。檐部結構及各層壁面上的圓券、小塔等，與崇聖寺千尋塔十分相似，惟出檐所形成的外輪廓線較僵直。塔刹亦經過後代修補。

一九一　西雙版納曼春滿寺

傣式佛寺常建於村寨內外，或遠離人群的深山密林。建築規模小，佈局靈活，沒有定式。建築風格具傣族民寨特徵，富有人情味。建築群都是坐西面東。傣式佛寺大體分為四個部份：佛殿，是佛寺主體建築，供奉釋迦牟尼佛；經堂，藏經印經的地方，一般建在佛殿的右側或前面；僧舍，多建於殿後或左側；塔，建在佛殿的前後左右皆可。四部份之間，常有走廊相連。

一九二　西雙版納傣式佛殿之一

一九三　西雙版納傣式佛殿之二

一九四　西雙版納傣式佛殿之三

一九五　西雙版納曼飛龍佛塔

傣式佛塔全為磚砌，尺度不大，造形玲瓏。傣式塔分單塔和群塔兩種類型，塔身呈錐狀，塔刹尖細，傣語為『諾』，意即竹筍。

景洪曼飛龍佛塔是傣式佛塔中年代最早、規模最大的一組塔群。它位於景洪縣大勐龍曼飛龍後山，由大小九塔組成。主塔居中，通高一六·二九米，八方環列小塔，各高九·一米。八小塔座下有佛龕。塔身均為白色圓錐體，刹為金色，塔上飾以雕塑、彩繪，絢麗輝煌。傳説此塔建於公元一二〇四年，時當南宋寧宗嘉泰末年，或大理國段智廉元壽年間，這顯然是太早了。

一九六　西雙版納曼飛龍公塔

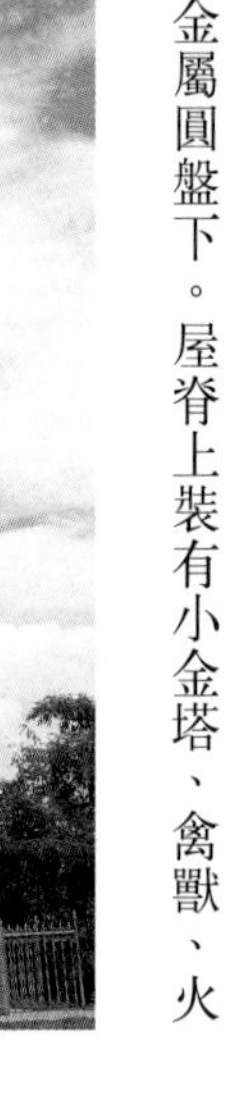

一九七　西雙版納景真八角亭

景真八角亭位於西雙版納州勐海縣城西十四公里的景真山，始建於傣歷一〇六三年（公元一七〇一年），佛寺中其餘建築現已不存。

八角亭磚木結構，由亭基（須彌座）、亭身、屋頂、刹杆等部件組成，總體平面呈八角形，每一斜邊又作四轉折，形成十六個角。亭基磚砌高約二·五米，亭身四方開門。屋頂造型複雜，在圓形屋檐上分八個方向，建成八組十層懸山式小屋面群，向上如魚鱗狀層層覆蓋，漸次收小，最後集中在一金屬圓盤下。屋脊上裝有小金塔、禽獸、火焰狀琉璃脊飾。亭基、亭身外粉刷以紅色，內外均用金、銀粉繪成各種圖案，並鑲嵌彩色玻璃片。金屬圓盤上立塔刹、相輪等。整座建築造型精巧玲瓏，華麗異常。相傳為傣語佛教信徒為紀念釋迦牟尼而倣照他戴的金絲臺帽『卡鐘罕』而建造的。

致謝

本卷攝影及收集資料工作得到各地文管部門、佛教協會的支持，得到同行學者、朋友的協助，插圖繪製工作得到浙江大學建築系九三、九四級同學的協助，謹此致謝。

中國美術分類全集

中國建築藝術全集

第13卷 佛教建築(二)(南方)

图书在版编目(CIP)数据

中國建築藝術全集(13)佛教建築(2)(南方)/丁承樸編著.—北京：中國建築工業出版社，1999
(中國美術分類全集)
ISBN 7-112-03744-1
I.佛… II.丁… III.佛教-宗教建築-建築藝術-中國-圖集 IV.TU-885
中國版本圖書館CIP數据核字(1998)第26214號

中國建築藝術全集編輯委員會 編
本卷主編 丁承樸
出版者 中國建築工業出版社
(北京百萬莊)
責任編輯 許順法
總體設計 雲鶴
本卷設計 吳滌生 王晨 陳穎
印製總監 楊一貴
製版者 北京利豐雅高長城製版中心
印刷者 利豐雅高印刷(深圳)有限公司
發行者 中國建築工業出版社
一九九九年五月 第一版 第一次印刷
書號 ISBN 7-112-03744-1/TU·2897(9044)
(京)新登字〇三五號
國内版定價三五〇圓